园林工程施工

主 编　陶良如　朱彬彬

北京理工大学出版社
BEIJING INSTITUTE OF TECHNOLOGY PRESS

内 容 提 要

本书根据高等院校学习情境式课程教学的基本要求编写。全书共分8个学习情境，主要内容包括园林工程施工图识读、土方工程、园林给水排水工程、园林水景工程、园路工程、园林建筑小品工程、假山工程和园林绿化工程。每个学习情境均按照学习任务清单、资讯收集、知识链接、任务实施（任务实施计划书、任务实施决策单、任务实施材料及工具清单、任务实施作业单、任务实施检查单）、学生评价及反馈（学习评价单、教学反馈单）编排，以突出岗位能力本位。本书在传统园林工程教材的基础上增加了园林工程施工图识读和园林建筑小品工程环节。

本书可用作高等院校园林技术及相关专业的教学用书，也可供园林绿化工程从业人员参考使用。

图书在版编目（CIP）数据

园林工程施工 / 陶良如，朱彬彬主编.--北京：
北京理工大学出版社，2022.8
　ISBN 978-7-5763-1615-5

　Ⅰ.①园… Ⅱ.①陶… ②朱… Ⅲ.①园林－工程施
工 Ⅳ.①TU986.3

中国版本图书馆CIP数据核字（2022）第151664号

出版发行 / 北京理工大学出版社有限责任公司

社　　　址 / 北京市海淀区中关村南大街5号

邮　　　编 / 100081

电　　　话 /（010）68914775（总编室）
　　　　　　（010）82562903（教材售后服务热线）
　　　　　　（010）68944723（其他图书服务热线）

网　　　址 / http://www.bitpress.com.cn

经　　　销 / 全国各地新华书店

印　　　刷 / 河北鑫彩博图印刷有限公司

开　　　本 / 787毫米×1092毫米　1/16

印　　　张 / 17　　　　　　　　　　　　责任编辑 / 封　雪

字　　　数 / 380千字　　　　　　　　　文案编辑 / 毛慧佳

版　　　次 / 2022年8月第1版　2022年8月第1次印刷　　责任校对 / 刘亚男

定　　　价 / 89.00元　　　　　　　　　责任印制 / 王美丽

前言 PREFACE

　　园林工程施工是一门集工程、艺术、技术于一体的综合性课程，是园林技术专业重要的专业课程。该课程以职业能力培养为重点，课程内容力求与行业岗位需求和实际工作需要相结合。该课程的设计应该以学生为主体，以能力培养为目标，以完成项目任务为载体，体现基于工作过程导向的项目课程开发与设计理念。

　　本书以"工学结合"为原则，以市场需求为导向，突出岗位能力本位，在专业指导委员会指导下，根据园林工程施工技术岗位能力要求，积极与行业、企业合作，全面厘清相应职业岗位的工作任务与工作过程，确定典型工作任务；通过典型工作任务分析，根据能力复杂程度，整合典型工作任务，形成相对综合能力领域；按照工作岗位对知识、能力、素质的要求，参照施工员、造价员等职业资格标准，选择教学内容；以真实、典型的工作任务为载体，结合实际条件，遵循认知规律和职业成长规律设计学习情境。

　　学习情境设计是基于园林工程现场施工工作过程的思想，学习情境是在园林工程实训基地对真实工作过程的教学加工，以完成具体的工作任务和目标；学习情境的排序是按照园林工程施工进场后的工作程序进行的。

　　本书以园林工程施工过程为主线，遵循"教、学、做"一体化的行动导向教学观，以学生为主体，由专任教师与兼职教师共同组织并实施教学。

　　本书由陶良如、朱彬彬担任主编。本书的编写过程中参考了部分专家、学者的著作、论文等图文资料，在此向相关作者表达诚挚的谢意。

　　由于编者水平有限，加之时间仓促，书中疏漏之处在所难免，恳请广大读者批评指正。

编　者

目录
CONTENTS

学习情境 1　园林工程施工图识读 ··· 1

　1.1　园林工程施工图基础知识 ·· 3

　　1.1.1　园林工程施工图的产生与编排顺序 ··· 3

　　1.1.2　园林工程施工图纸的幅面内容与识读条件 ·································· 4

　1.2　园林工程施工图识读的步骤与方法 ·· 4

　　1.2.1　园林工程施工图的图面识读 ··· 4

　　1.2.2　各种施工图识读 ··· 9

学习情境 2　土方工程 ·· 31

　2.1　土方工程概述 ·· 33

　　2.1.1　园林土方工程的特点 ·· 33

　　2.1.2　园林土方工程的内容 ·· 33

　　2.1.3　园林竖向设计 ··· 33

2.2 土方工程量计算 42

    2.2.1 体积公式估算法 42

    2.2.2 断面法 43

    2.2.3 方格网法 46

2.3 土方施工 52

    2.3.1 土壤的工程分类及性质 52

    2.3.2 土方工程的施工步骤 55

学习情境 3　园林给水排水工程 66

3.1 园林给水工程 68

    3.1.1 园林给水工程的基本知识 68

    3.1.2 园林给水管网设计 69

    3.1.3 园林给水管网施工 74

3.2 园林绿地喷灌工程 77

    3.2.1 园林绿地喷灌系统的类型和构成 77

    3.2.2 园林绿地喷灌系统设计 79

    3.2.3 喷灌工程施工 82

3.3 园林排水工程 83

    3.3.1 园林排水的种类与组成 83

    3.3.2 园林排水的方式 84

    3.3.3 园林排水体制 85

    3.3.4 园林排水管网布置 86

    3.3.5 排水管渠系统附属构筑物 88

学习情境 4　园林水景工程 99

4.1 静水工程 101

    4.1.1 湖 101

    4.1.2 池 105

4.2 流水和落水工程 111

    4.2.1 溪涧 112

4.2.2　瀑布 ·· 116

4.3　驳岸与护坡工程 ·· 117

4.3.1　驳岸工程 ·· 117

4.3.2　护坡工程 ·· 121

4.4　喷泉工程 ·· 125

4.4.1　喷泉的作用 ·· 125

4.4.2　喷泉的分类与布置 ·· 125

4.4.3　喷泉设计基础 ·· 126

学习情境5　园路工程 ·· 141

5.1　园路概述 ·· 143

5.1.1　园路的概念及特点 ·· 143

5.1.2　园路的分类 ·· 143

5.1.3　园路的作用 ·· 144

5.1.4　园路布局形式 ·· 145

5.2　园路设计 ·· 146

5.2.1　园林道路平曲线设计 ·· 146

5.2.2　园林道路竖曲线设计 ·· 148

5.2.3　园林道路铺装设计 ·· 150

5.2.4　园林道路结构设计 ·· 154

5.3　园路施工 ·· 159

5.3.1　园路施工工艺流程 ·· 159

5.3.2　园路施工方法 ·· 159

学习情境6　园林建筑小品工程 ·· 171

6.1　硬质景观材料的认识 ·· 173

6.1.1　烧土制品 ·· 173

6.1.2　天然石材 ·· 175

6.1.3　砂浆 ·· 176

6.1.4　木材 ·· 176

      6.1.5　钢材及钢筋 ·· 176

      6.1.6　混凝土 ·· 176

  6.2　花坛的设计与施工 ·· 177

      6.2.1　花坛设计 ·· 177

      6.2.2　花坛表面装饰设计 ···································· 178

      6.2.3　装饰抹灰施工 ·· 178

      6.2.4　花坛施工 ·· 179

  6.3　景墙的设计与施工 ·· 180

      6.3.1　景墙的作用 ·· 180

      6.3.2　景墙设计 ·· 181

      6.3.3　景墙施工 ·· 182

  6.4　亭的设计与施工 ·· 185

      6.4.1　常见亭的特点和构造 ·································· 185

      6.4.2　亭的设计要求与应用环境 ······························ 187

      6.4.3　亭的施工 ·· 188

  6.5　花架的设计与施工 ·· 191

      6.5.1　花架种类和常用材料 ·································· 191

      6.5.2　花架的构造 ·· 192

      6.5.3　花架的应用环境 ······································ 195

      6.5.4　花架的施工程序及方法 ································ 195

学习情境 7　假山工程 ·· 203

  7.1　假山与置石设计 ·· 205

      7.1.1　假山和置石的概念、作用和类型 ···················· 205

      7.1.2　假山设计 ·· 207

      7.1.3　置石设计 ·· 215

  7.2　假山施工 ·· 219

      7.2.1　假山定位放线 ·· 219

      7.2.2　假山基础的施工 ······································ 219

      7.2.3　假山山脚施工 ·· 220

7.3 塑山设计与施工 ·· 222

7.3.1 塑山工艺的特点 ·································· 222

7.3.2 塑山设计 ·· 222

7.3.3 塑山施工的工艺流程与技术要点 ················ 223

7.3.4 塑山新工艺 ····································· 224

学习情境 8 园林绿化工程 ································ 232

8.1 乔灌木种植工程 ······································ 234

8.1.1 种植前的准备工作 ······························ 234

8.1.2 定点放线 ·· 236

8.1.3 挖种植穴 ·· 237

8.1.4 掘苗 ·· 237

8.1.5 苗木运输和假植 ································· 238

8.1.6 栽植 ·· 239

8.2 大树移植工程 ·· 240

8.2.1 大树移植的时间 ································· 240

8.2.2 大树移植的原理 ································· 240

8.2.3 大树移植的注意事项 ····························· 241

8.2.4 大树移植的方法 ································· 241

8.2.5 大树的装卸与运输 ······························ 246

8.2.6 大树移植施工步骤 ······························ 247

8.3 草坪建植工程 ·· 249

8.3.1 草坪的分类 ······································ 249

8.3.2 场地准备 ·· 250

8.3.3 草坪种植方法 ··································· 251

8.3.4 草坪的养护管理 ································· 252

参考文献 ··· 262

学习情境1 园林工程施工图识读

学习任务清单

学习领域	园林工程施工		
学习情境1	园林工程施工图识读	学时	
布置任务			
学习目标	1. 了解园林工程施工图的基本构成要素及表现。 2. 熟悉园林工程施工图的识读方法。 3. 掌握园林工程施工图技术交底中的读图方法。		
能力目标	1. 能够读懂园林工程施工图图面基本要素。 2. 能够通过施工图对项目施工予以指导并组织施工。 3. 能够有效地进行施工放样、施工管理和工程量计算。		
素养目标	培养学生吃苦耐劳、团结合作、开拓创新、务实严谨、诚实守信的职业素质。		
任务描述	依据教师提供的施工图纸，进行图纸会审，写出观摩分析报告，并编制施工方案。具体任务要求如下： 　　1. 学生根据施工图组织会审，核对实际工程的施工设计要素、方位、尺寸、材料、做法，并写出一份图纸会审报告。 　　2. 实地观察、对图。根据案例图纸，到实地（或园林施工现场）观摩，并根据施工图观察、核对实际工程的组成与构造，写出观摩分析报告。 　　3. 能参照园林工程施工技术规范，根据施工项目及现场环境情况编制施工方案。		
对学生的要求	1. 掌握园林工程制图投影原理，熟悉国家制图标准。 2. 掌握各专业施工图的用途、图示内容和表示方法。 3. 要深入施工现场，对照图纸，观察实物，提高自己的识图能力。 4. 严格遵守课堂纪律和工作纪律，不迟到、不早退、不旷课。 5. 应树立职业意识，并按照企业的"6S"（整理、整顿、清扫、清洁、素养、安全）质量管理体系要求自己。 6. 本情境工作任务完成后，须提交学习体会报告，要求另附。		

学习领域	园林工程施工		
学习情境1	园林工程施工图识读	学时	
资讯方式	在资料角、图书馆、专业杂志、互联网及信息单上查询问题；咨询任课教师。		
资讯问题	1. 园林工程项目建设程序包括哪几个阶段？ 2. 园林工程项目设计包括哪几个阶段？ 3. 园林工程施工图一般由哪些部分组成？ 4. 园林工程施工图识读应具备哪些基本条件？ 5. 简述园林工程施工图识读的步骤和方法。 6. 园林工程施工总平面图应包括哪些内容？ 7. 根据你的理解，绘制园林工程施工图应具备哪些基本条件？		

1.1

园林工程施工图基础知识

🌱 1.1.1 园林工程施工图的产生与编排顺序

图纸是工程技术界的共同语言，是表达设计意图、指导施工、编制预算、协助管理的重要技术文件。参加园林工程施工的技术人员都应具备施工图识读的基本技能，从而有效地指导工程施工，使园林工程达到"图景统一"的效果。

1. 园林工程施工图的产生

根据正投影原理及施工图的画法，将园林建筑小品或绿地的全貌及各个细微局部完整地表达出来，就是园林工程施工图。它是表达设计思想、指导工程施工、编制工程预算的重要技术文件。

园林工程项目，从制订计划到最终建成，必须经过一系列过程。园林工程施工图的产生过程，是园林工程从计划到建成过程中的一个重要环节。

园林工程施工图是由设计单位根据设计任务书的要求和有关的设计资料、计算数据及园林艺术等多方面因素设计绘制而成的。根据园林工程的复杂程度，其设计过程分为两阶段设计和三阶段设计两种。一般情况下，园林工程都是按两阶段设计的，对于较大的或技术上较复杂的、设计要求较高的园林工程，才按三阶段设计。两阶段设计包括初步设计和施工图设计两个阶段。

园林工程施工图通常以成套图件出现，一般由封面、目录、说明、总平面图、施工放样图、竖向设计图、给水排水设计图、植物配置设计图、园林建筑小品设计图、电气设计图等组成。同时，还包括相关要素的一些详图，如平面图、立面图、剖面图、断面图和大样图等。

2. 园林工程施工图的编排顺序

一套完整的园林工程施工图一般有 5～10 张图纸，一套大型复杂的园林工程施工图有几十张图纸，甚至更多。因此，为了看图方便，易于查找，应把整套图纸按照一定顺序进行编排、组卷管理。各专业的施工图，应根据图纸内容的主次关系进行系统编排。

例如，基本图在前，详图在后；总体图在前，局部图在后；主要部分在前，次要部分在后；布置图在前，构件图在后；先施工的图在前，后施工的图在后等。

园林工程施工图的一般编排顺序是封面、图纸目录(含施工总

园林施工特点

说明、汇总表等)、总平面图(含索引图)、竖向设计图、定位放样图、给水排水设计图、电气设计图、建筑小品施工图、植物配置图等。

1.1.2 园林工程施工图纸的幅面内容与识读条件

1. 园林工程施工图纸的幅面内容

为了便于装订、管理及合理使用,园林工程施工图纸的幅面一般按照国家标准来制定,常用的幅面大小有 4 种,代号分别为 A0、A1、A2、A3。例如,代号 A1 的图幅为 841 mm×1 189 mm。园林工程施工图通常用 A2、A3 幅面图纸绘制。图纸有横式和立式两种,幅面绘制有图框线、会签栏、标题栏等,其规格因图纸规格和布局不同而有所改变。

2. 园林工程施工图纸识读应具备的基本条件

(1)掌握园林工程制图投影原理,熟悉国家制图标准;

(2)掌握各专业施工图的用途、图示内容和表示方法;

(3)要深入施工现场,对照图纸,观察实物,这是提高识图能力的重要方法。

💡 知识窗

园林美学与园林艺术

要想创造优美的园林景观环境,给人以美的享受,首先必须要懂得什么是美。美是事物现象与本质的高度统一,或者说,美是形式与内容的高度统一,美是通过最佳形式将其内容表现出来。美包括自然美、生活美和艺术美。

园林艺术利用植物的形态、色彩和芳香等作为园林造景的主题,利用植物的季相变化构成奇丽的景观。因而,园林艺术具有生命的特征,是有生命的艺术。

园林工程就是利用园林美学的观点,通过园林艺术的手法,包括园林作品的内容和形式、园林设计的艺术构思和总体布局、形式美的构图及其内涵美的各种原理在园林中的运用、园景创造的各种手法等,创造出优美的园林景观环境。

1.2

园林工程施工图识读的步骤与方法

1.2.1 园林工程施工图的图面识读

对园林工程施工图识读,要掌握正确的识读步骤和方法。在面对整套图纸时,应按照"总体了解,顺序识读,前后对照,重点细读"的原则去识读领会。识读一张图纸时，应采用由外向里看、由大到小看、由粗至细看、图样与说明交替看、有关图纸对照看的方法，重点看轴线及各种尺寸关系。

1. 识读步骤

(1)总体了解。一般先看目录、总平面图和施工总说明，以大致了解工程概况，如工程设计单位、建设单位、新建房屋的位置、周围环境、施工技术要求等；再对照目录检查图纸是否齐全，采用了哪些标准图并备齐这些标准图；最后看建筑平、立、剖面图，大体上想象一下建筑物的立体构造及内部布置。

(2)顺序识读。在总体了解建筑物的情况以后，根据施工的先后顺序，即从基础、墙体(或柱)、结构平面布置、建筑构造及装修的顺序，仔细阅读有关图纸。

(3)前后对照。读图时，要注意将平面图和剖面图对照着读，将建筑施工图和结构施工图对照着读，将土建施工图和设备施工图对照着读，做到对整个工程施工情况及技术要求心中有数。

(4)重点细读。根据工种的不同，将有关专业施工图再有重点地仔细读一遍，并将遇到的问题记录下来，及时向设计部门反映。

(5)分析总结。对施工图判读后，要按施工技术交底工作的要求认真分析图纸情况，特别要注意哪些是施工重点环节，或是需要特别注意的地方，然后撰写出识读报告。

2. 图面识读方法

(1)识读封面。园林工程施工图纸封面的主要内容有工程项目名称、设计单位名称、设计时间、工程设计编号、设计资质证号等。如果已经落实施工单位，通常也将该单位名称排列进去。通过识读封面，能了解该工程图纸编制的对象和设计单位的基本信息(图 1-2-1)。

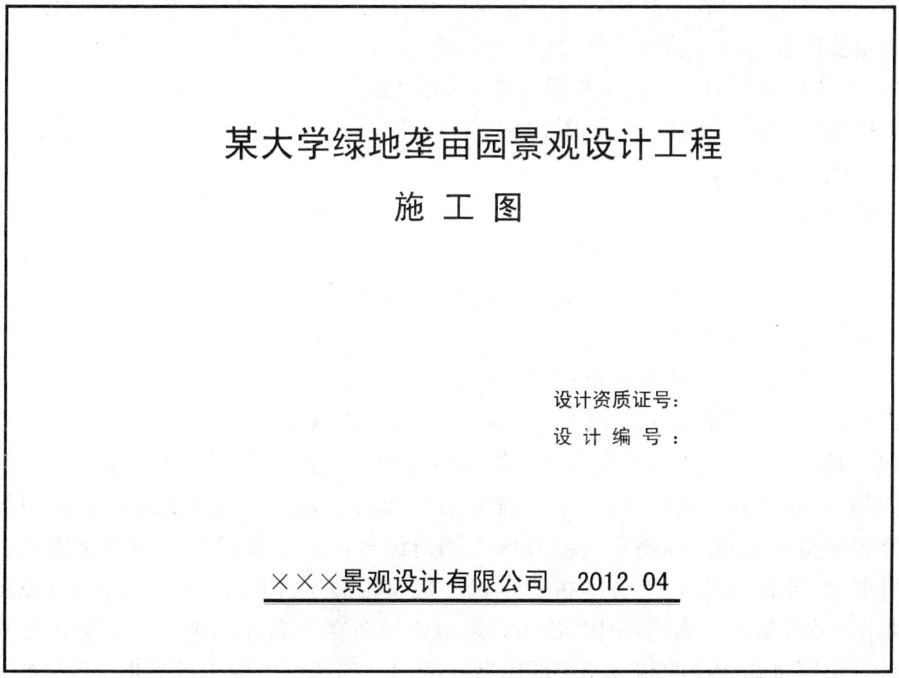

某大学绿地垄亩园景观设计工程
施 工 图

设计资质证号：
设 计 编 号：

×××景观设计有限公司　2012.04

图 1-2-1　园林工程施工图封面

(2)识读目录、景观施工总说明。

1)园林工程施工图目录：是施工员查询相关施工图纸、了解施工设计基本情况的便捷通道。园林工程施工图目录一般包括图纸目录表和施工图设计总说明两部分内容。其中，目录表部分列出序号、图纸编号、图纸名称、图幅等多项内容。通过识读目录可以了解到图件编排、图纸页码、图幅规格、图纸性质等方面的信息（表1-2-1）。

表 1-2-1 园林工程施工图目录

序号	图纸名称	图号	图幅	序号	图纸名称	图号	图幅
01	图纸目录		A2	12	跌水景墙详图	XP—07	A2
02	景观施工总说明	ZT—00	A2	13	雕塑小品	XP—08	A2
03	放线尺寸图	JS—01	A2	14	种植说明及苗木表	ZZ—01	A2
04	索引平面图	JS—02	A2	15	上木种植施工图	ZZ—02	A2
05	竖向平面图	JS—03	A2	16	下木种植施工图	ZZ—03	A2
06	铺装详图	XP—01	A2	17	给水排水说明	SS—01	A2
07	座椅、树池详图	XP—02	A2	18	给水排水平面图	SS—02	A2
08	水车广场平面图	XP—03	A2	19	景观照明说明	DS—01	A2
09	水车详图一	XP—04	A2	20	景观照明系统图	DS—02	A2
10	水车详图二	XP—05	A2	21	照明平面图	DS—03	A2
11	流水石磨详图	XP—06	A2				

2)景观施工总说明：一般列出设计依据、设计范围、图纸内容、设计要点、施工注意事项等方面的内容。其中，设计依据、设计要点和施工注意事项是指导园林工程实施的重要内容，应重点阅读领会（图1-2-2）。

(3)识读总平面图。园林工程设计总平面图包括以下主要内容：

1)指北针（或风玫瑰图），绘图比例（比例尺），文字说明，景点、建筑物或构筑物的名称标注，图例表。

2)道路、铺装的位置、尺度、主要点的坐标、标高及定位尺寸。

3)小品主要控制点坐标及小品的定位、定型尺寸。

4)地形、水体的主要控制点坐标、标高及控制尺寸。

5)植物种植区域轮廓。

6)对无法用标注尺寸准确定位的自由曲线园路、广场、水体等，应给出该部分局部放线详图，用放线网表示，并标注控制点坐标。园林工程总平面图如图1-2-3所示。

(4)识读索引图。索引图是用索引符号将各园林工程的各项要素引申标准，为下一步编制相应详图而准备的图件。索引符号由圆和水平直径、引申线组成。引申线上方的文字表明被索引的园林要素名称或所在图册编号，水平直径上方的数字表示被索引的园林要素详图的编号，下方的拼音字母、数字则表示详图所在的图纸编号或图集编号。如图1-2-4所示，索引图中"XP-02"表示该详图在平面详图施工图部分第2页。通过识读索引图可知相应的园林要素详图所在的图号和图页，便于进一步读图、识图。

景观施工总说明

一、工程概况

本工程位于某大学西南角，占地面积4 518 m²。

二、设计依据

1. 国家现行建筑、结构、园林等法律、法规。
2. 根据国家相关规范《公园设计规范》(GB 51192—2016)、《城市道路绿化规划与设计规范》(CJJ 75—1997)、《园林植物保护技术规程》(DBJ 08-35—1994)、《垂直绿化技术规程》(DBJ 08-75—1998)、《大树移植技术规程》(DBJ 08-53—1996)等。

三、施工注意事项

1. 施工时严格按照相关规范和验收标准进行，遇特殊情况应及请及时与设计单位联系解决。
2. 施工验收规范为《园林设计规范》(GB 50763—2012)、《降雨设计规范》(CJJ/T 82—2012)及其他相关规范。
3. 未尽事宜按常规做法。

四、绿地地形处理

1. 种植坚向标高以下，应保证30 cm以上厚度的种植土。
2. 种植地表面在30 cm高度范围内按照绿化地面至设计坡度要求，同时清除碎石及杂物，地表15 cm的种植土要求在各个方向上大于1 cm的碎小土块。
3. 绿地地形处理除满足景观要求外，还应考虑地面水最终集水至园区管道走向。

五、绿化种植土质要求

1. pH值为5.5～7.5土壤，疏松、无机板、无木屑、沥青、石屑等有害物质的土壤。
2. 种植层为地下7.5 cm的土壤小于3%。
3. 各个方向的土壤小于1 cm的土块小于3%。花、草尽量集中布置。
4. 土壤含水率高，弹性等物理、化学特性应按技术要求做，栽植时应应适当施肥。
5. 种植深度要求：大于30 cm，花灌木要求大于50 cm，乔木则要求在种植土上球周围大于50 cm的合格土层上。

六、基肥

1. 垃圾堆绿肥：利用垃圾堆绿肥厂生产的垃圾堆绿肥过腐，且无分腐熟后施用。
2. 堆沤蘑菇肥：为蘑菇生产厂生产蘑菇后的堆基料增浇～5%的过磷酸钙质后堆沤，无分腐熟后施用。
3. 堆泥：为鱼塘沉积液废泥，经晒干后良好的堆质块，捣法小于直径3～5 cm) 施用。
4. 其他腐熟肥或有机肥做基肥：必须经该工程主管单位同意后施用，用量依实际需要计算。
5. 堆沤蘑菇肥或无分腐熟肥半可重计算。基肥用量结合各工程量结合各工程量表中的苗木规格确定。

七、植物指标

1. 植物名称选用中文俗名。
2. 指定以下三项指标作为标准树木形态，尺寸的基本参数，即树高、冠幅、胸径。
   树高：为苗木种植时自然状态或人工修剪后的高度，乔木应尽量保留顶端生长点。
   冠径：为苗木经常规处理后，交叉垂直方向二至冠幅平均值。
   胸径：为苗木种植后1.2 m处的平均枝直径5 cm，最小不能小于下限。
3. 绿篱的设计，除树高、冠径外，还指定苗木修剪高度和种植密度。

八、其他

九、植物质量

1. 植物要求选用生长健康、树形饱满的优良植物 [树木应展现其表、树木有表里 (30 cm×30 cm) 的形式种植]。
2. 草坪覆盖率达到98%以上，纯度达到90%以上，以表》之分。
3. 严格规格选苗。
4. 植物栽植要求全冠栽植，在不影响冠形的基础上，可做适度修剪，以保证栽后具有较好的景观效果。
5. 特型植物需经设计挑选认定后方可施工。

十、植物修剪

1. 整形后的灌木冠，其栽植密度由冠径决定，植物栽种数量、修剪平面及高度应按图纸要求做。要求修剪成平整、饱满的植冠，相邻栽植的植篱间应有10～15 cm的修剪离毛绿，以保证整栽后有较好的层次效果。
2. 植物修剪应去除阴枝、病残枝，并对伤口进行处理。

十一、树木支架

1. 树木支架，应设置树木支架，视苗木大小使用双手脚门字形或人字形支架或绑绳绑吊桩。支柱与树干相接部分要垫上蒲包皮，以防磨伤树皮。

十二、植物种植

1. 种植底与土球在种植时接触时应紧贴一层厚约10 cm无杆把的干净土。
2. 苗木种植，应按园林绿化常规方法施工，要求基肥，泥土充分拌匀。
3. 应在栽植现场确定树木在种植后有等均匀撒施。
4. 草坪应在种植前浇足水，草坪种植时应均匀撒施基肥，与主马，然后将块状草皮连续拼接种，使草块间缝小于2 cm，浇足水，待半干后打实，使草与土壤无分接触，隔天连续拍打3次以上。待半干后打实，平整。
5. 缀花草坪中草籽与观花植物分开种植，首先种植观花植物，可等距离点缀，为使草坪修剪更容易，其他草本植物按常规方法种植。

十三、园林小品方面

1. 除特别标注处，混凝土为C25 (垫层C15)，砖为MU10，砂浆为M5水泥砂浆。
2. 木材应涂氟化物及防腐质。
3. 所有的钢构件做防锈处理，做法为二度红丹。
4. 道路、广场有其他构筑物均不应建于回填土上，遇回填土应通知设计人员现场调整后方可施工。
5. 道路、广场地表排水分排水坡度不低于3%。
6. 树筑物基础地制方不低于100 kN/m，且应基底为实。
7. 所有花坛、水池四角作为4角和成阴角。
8. 标高与现场不符时由设计人员现场勘查变更。
9. 图纸标注之处，诸参考相关施工规范及工程验收规范标准施工。

十四、其他

1. 苗木品种如需变动应按设计苗木的大小及特性更换，或与设计人员协商进行。
2. 绿化种植工反季节进行时，应采取必要的措施，以保证苗木的成活率。

图1-2-2　景观施工总说明

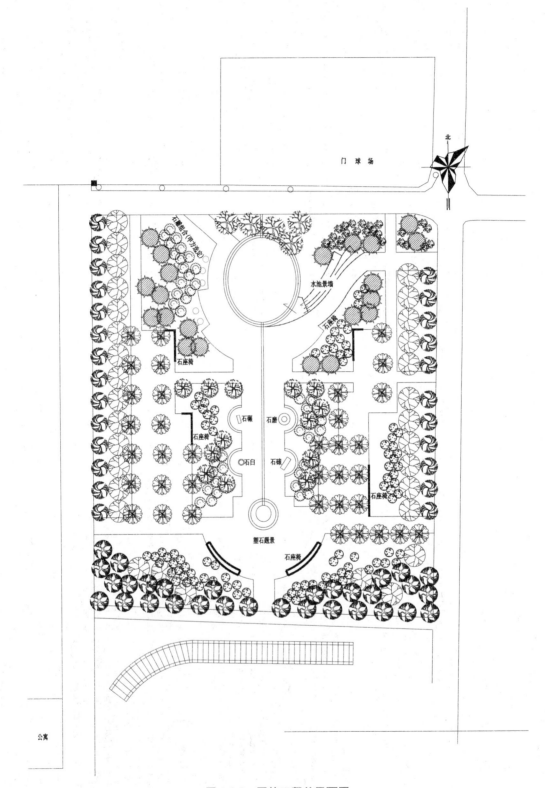

门 球 场

北

石雕组合(甲方提供)

水池景墙

石座椅

石座椅

石碾　石磨

石座椅

石臼　石碾

石座椅

塑石题景

石座椅

公寓

图 1-2-3　园林工程总平面图

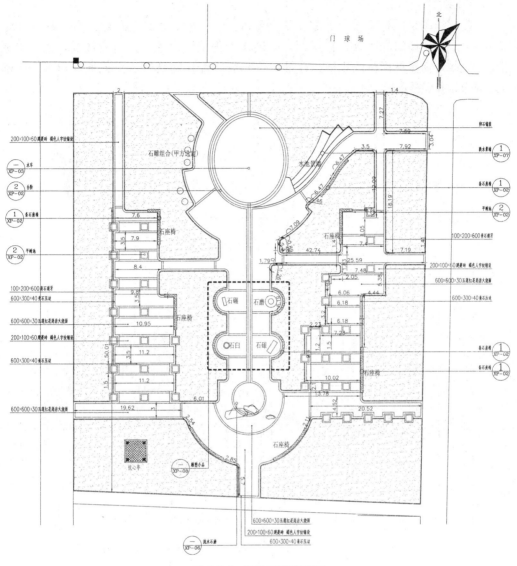

图 1-2-4 园林工程索引图

1.2.2 各种施工图识读

1. 识读定位图

定位图是帮助施工人员了解整个绿地及其要素的定位尺寸，以及在一定区域内所在的方向、位置。识读时要认真阅读设计说明，明确读图是用坐标定位还是尺寸定位，或是二者结合定位；还要结合图线查看主要控制点坐标、基本定位点和定位基准线，掌握定位的起始点，为下一步园林工程定点放线做好准备(图 1-2-5)。

园林施工图图例

2. 识读网格放线图

网格放线图是园林工程定点放线的重要依据，一般由设计说明、工程平面图和定位网格组成。识读时先阅读设计说明，明确该工程采取何种方式定位放线，如采用网格定位放线，需了解网格的规格、计量单位；最后查找网格定位点或原点位置，明确放线的起始点(图 1-2-5)。

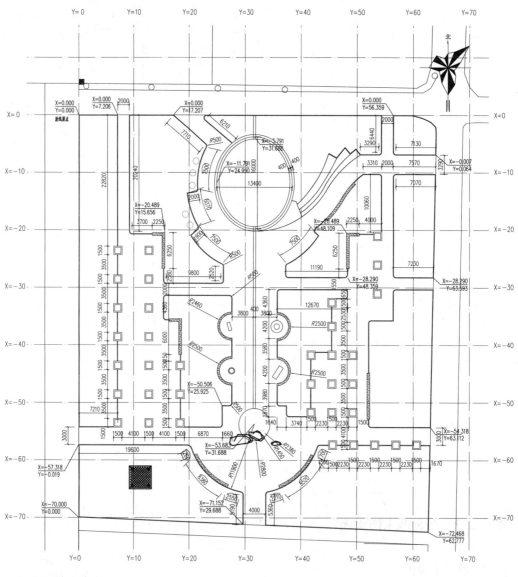

说明：
展园放线园区西北部角点为放线原点；
间距10 m×10 m。

图 1-2-5　园林工程放线尺寸图

3. 识读竖向设计图

园林空间景观是十分丰富的，竖向地形是创造丰富景观的基础。园林工程竖向设计图是表达绿地、水体、园林建筑、园林小品竖向高程关系的图件，是进行地形改造和土方工程量计算的依据。园林工程竖向设计图一般由园林工程平面总图、标高方法（等高线法、标高法、断面法等）、坡度标注组成（图1-2-6）。识读时要找到原地形标高，再结合图线查看各空间要素的标高数据，如场地设计标高、水体设计标高、绿地设计标高和坡度、坡向、坡长等。通过竖向对比分析，明确空间竖向差别，从而整体把握园林工程的地形改造方向（图1-2-7）。

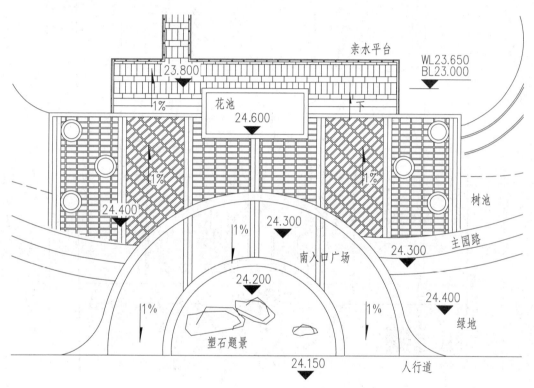

图1-2-6　园林工程局部竖向设计图

4. 识读园路、铺装施工图

园路和铺装是园林工程的主要组成部分，因设计和材料应用的多样化，现代园林铺装施工显得较为复杂，需认真识读和领会施工图纸才能准确地进行工程施工。园路的铺装施工图一般由定位图和详细铺装图组成。定位图由工程平面图、定点坐标和定位尺寸组成。识图时先要找到铺装初始定位点（定点坐标），明确施工的起始点位置；再查找不同块铺装的位置、范围、规格和布局，为定点放线和开展施工做好准备。详细铺装图主要标明铺装和布局形式（斜向或正向），铺装材料的名称、规格及做法。有的还通过索引绘制铺装材料大样图和施工断面图，详细标注材料尺寸和垫层做法，以便指导施工人员准确施工。园林工程铺装图如图1-2-8、图1-2-9所示。

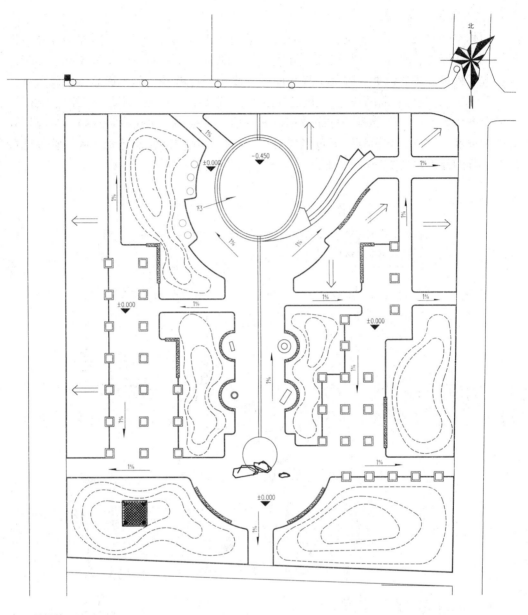

竖向设计说明:

1.图纸采用相对标高的高程体系,以绿地侧石顶平面为±0.00,如图所示;

    表示场地排水方向,场地排水坡度如图所示;

    为绿地排水板下每找坡层排水方向,泄水口接雨水管,详见水施。

2.绿地中微地形,每根等高线0.3m,相对于周边绿地,地形塑造适应自然、美观。

图例: 绿地

图 1-2-7　园林工程竖向设计图识读

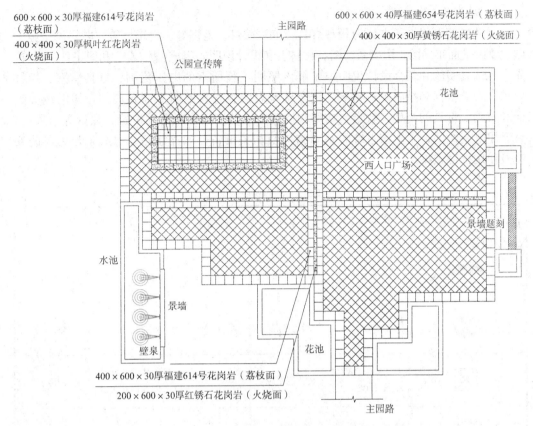

600×600×30厚福建614号花岗岩
（荔枝面）
400×400×30厚枫叶红花岗岩
（火烧面）

600×600×40厚福建654号花岗岩（荔枝面）
400×400×30厚黄锈石花岗岩（火烧面）

主园路

公园宣传牌

花池

西入口广场

景墙题刻

水池

景墙

壁泉

花池

400×600×30厚福建614号花岗岩（荔枝面）
200×600×30厚红锈石花岗岩（火烧面）

主园路

图 1-2-8 园林工程局部铺装平面图

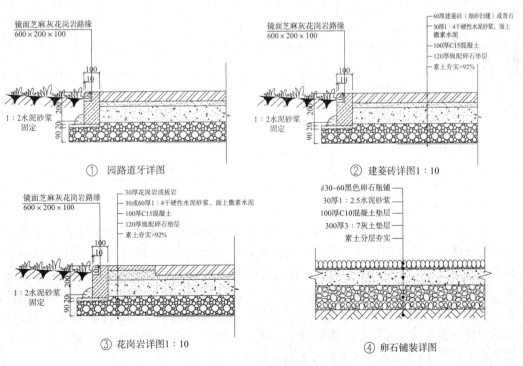

镜面芝麻灰花岗岩路缘
600×200×100

100
10
200
90 30

1：2水泥砂浆
固定

① 园路道牙详图

镜面芝麻灰花岗岩路缘
600×200×100

60厚建菱砖（细砂扫缝）或青石
30厚1：4干硬性水泥砂浆，面上
撒素水泥
100厚C15混凝土
120厚级配碎石垫层
素土夯实>92%

100
10
200
90 30

1：2水泥砂浆
固定

② 建菱砖详图1：10

镜面芝麻灰花岗岩路缘
600×200×100

30厚花岗岩或板岩
30或60厚1：4干硬性水泥砂浆，面上撒素水泥
100厚C15混凝土
120厚级配碎石垫层
素土夯实>92%

100
10
200
90 30

1：2水泥砂浆
固定

③ 花岗岩详图1：10

φ30~60黑色卵石瓶铺
30厚1：2.5水泥砂浆
100厚C10混凝土垫层
300厚3：7灰土垫层
素土分层夯实

④ 卵石铺装详图

图 1-2-9 园林工程铺装剖面图

5. 识读电气设备施工图

园林中的电气设备主要为景观灯具，如庭院灯、地埋灯、投影灯等。电气设备施工图主要由平面布局图、用电系统图、材料表和设计说明等组成（表1-2-2和图1-2-10）。首先，要认真阅读和领会设计说明，了解该照明工程所需的电压范围、灯具功率、接线要求、安装依据和措施等；其次，结合材料表内容查看照明平面布局图，如电线的走向和布局，灯具的类型、数量、功率和位置，以及接线控制箱的位置、数量等；最后，查看用电系统图，了解该系统的基本结构及相关设备，如控制箱、电线、开关等的安装及使用标准依据。

表1-2-2　电器设备材料表

序号	图例	设备名称及主要技术特性	型号或图纸号	单位	数量	安装位置	备注
1		APL 景观配电箱	按系统图定制	套	1	—	样式甲方自定
2		地埋 LED 射灯 1～35 W	彩色光源	套	15	小品，景石下	样式甲方自定
3		庭院灯 1×100 W 高 3.5～4.0 m	暖黄色光源	套	10	园路单侧，间距 20 m 左右遇路口避让	样式甲方自定
4		水底灯 1～20 W 12 V	暖黄色光源	套	14	水池喷头下或跌水处	样式甲方自定
5		水景水泵	暖黄色光源	套	13	样式甲方自定	—
6		草坪灯 1×20 W 高 0.6～0.8 m	暖黄色光源	套	8	绿地中，间距 6～10 m	样式甲方自定
7		景观灯柱 200 W 高 3.5～4.0 m	暖黄色光源	套	11	样式甲方自定	—

6. 识读给水排水设计图

首先，应阅读并领会设计说明，了解给水排水管的材料种类、施工要点、设计施工和验收依据，注意阀门井、雨水井的做法和井盖处理措施（通常考虑与景观结合）；其次，要识读给水排水平面布局图，看清管道的走向布局、长度、接水口和排水口位置，查找阀门井、用水点和排水井的平面、竖向位置；再次，要结合平面图查看材料表，熟悉水管、阀门、井盖等的图示、名称、规格和数量等，以便更好地采购材料；最后，要看懂水管、阀门、井盖等施工详图，以便指导放样和施工。园林给水排水图例见表1-2-3，园林给水排水平面布置图，如图1-2-11所示。

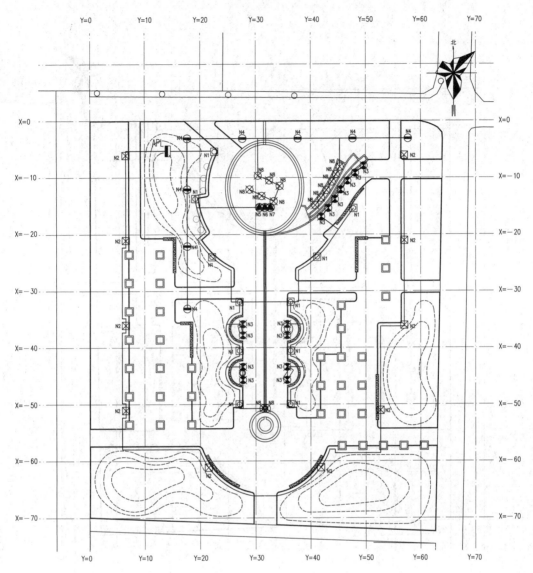

说明:
展园放线园区西北部角点为放线原点;
间距10 m×10 m。

图 1-2-10 园林工程照明平面布置图

表 1-2-3 园林给水排水图例

图例	名称	图例	名称
—J—J—J—	给水管	De××× L=××× —J—J—J—	管径(mm) 管长(m) —J—J—J—J—J—
—Y—Y—Y—	雨水管	————	喷泉、溢水管
⊠	阀门及阀门井	DN××× L=××× —J—J—J—	管径(mm) 管长(m) —J—J—J—J—J—
⊗	1寸快速取水阀	j=×××× ←	坡度 流向

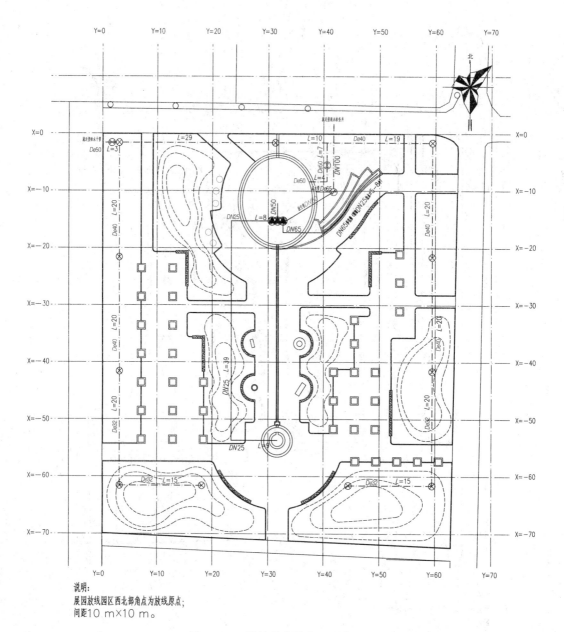

说明:
展园放线园区西北部角点为放线原点;
间距10 m×10 m。

图 1-2-11　园林给水排水平面布置图

7. 识读假山工程施工图

假山工程有两种类型,包括景石安置、山石堆叠和塑石工程(图 1-2-12~图 1-2-14)。在图 1-2-13 中,假山工程施工图由基础平面图、假山平面图、假山立面图和剖面图组成。其中,基础平面图通常与网格定位线结合在一起,表明假山基础的长、宽尺寸和假山平面的基础轮廓,是定点放样和开挖地基的主要依据。在设计说明中主要写明开挖地基的深度、宽度、方法及使用的基础材料等。假山平面图也与网格定位线结合在一起,主要表明假山拉底、做脚的轮廓、范围、位置、运用的材料等,是决定假山基本平面形状的依据。假山平面图还附带双面剖面符号,表明假山的竖向结构将由剖面图说明。假山竖向剖面图表明假山工程从基础、中层、结顶和做脚的各环节关系，识读时要结合网格定位线，看清假山的整体和各结构层的高度尺寸、运用材料及竖向基本轮廓等，掌握其轮廓变化的节点、尺寸，以便在施工指导中做到心中有数。

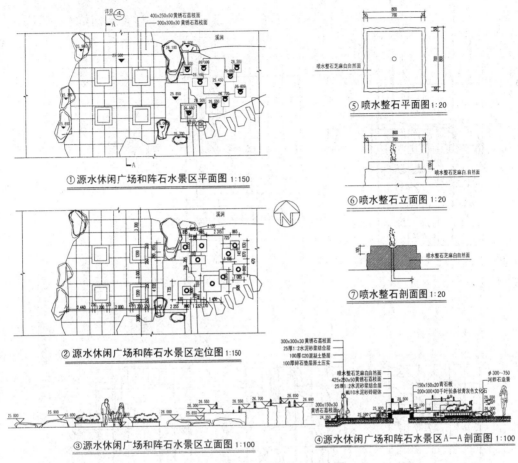

图 1-2-12　景石安装施工设计图

8. 识读植物配置设计图

植物是构成园林景观的主体。植物配置是园林工程中的重要工程项目。相关施工人员都应该熟识其配置设计图，以便为顺利施工做好充分准备。根据植物种类和所在的立面层次不同，设计通常包括乔木种植设计、灌木种植设计、地被植物种植设计等图件。读图时先要结合种植设计总平面图仔细阅读种植设计总说明，整体了解种植设计的依据、范围及配置的丰富度，掌握植物选择和土壤改良的基本要求；结合各种种植设计图件，查看植物标注，熟悉植物名称、数量和所在的位置等；详细阅读植物苗木表，弄清楚植物的种类、名称、规格、数量、种植密度和种植的主要措施要求等(表 1-2-4 和图 1-2-15)。

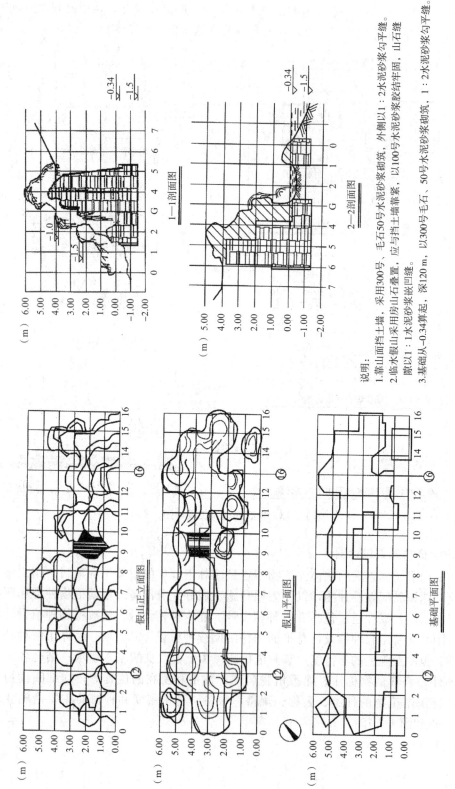

图 1-2-13　假山工程施工设计图

说明：
1. 靠山面挡土墙，采用300号、毛石50号水泥砂浆砌筑，外侧以1：2水泥砂浆勾平缝。
2. 临水假山采用房山石叠置，应与挡土墙靠累，以100号水泥砂浆胶结牢固，山石缝隙以1：1水泥砂浆嵌凹缝。
3. 基础从−0.34算起，深120 m，以300号毛石、50号水泥砂浆砌筑，1：2水泥砂浆勾平缝。

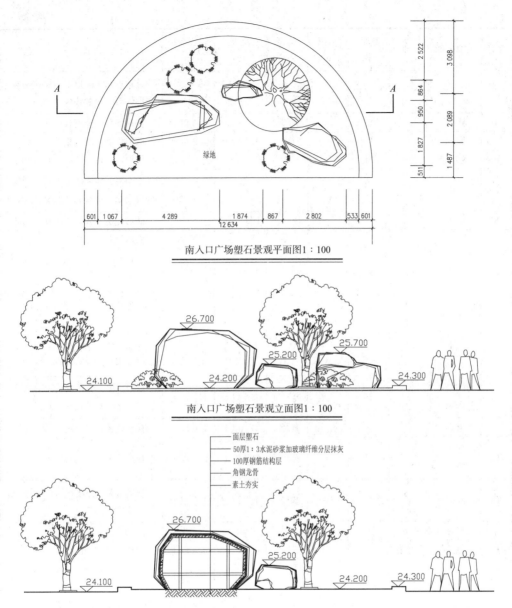

南入口广场塑石景观平面图1:100

南入口广场塑石景观立面图1:100

面层塑石
50厚1:3水泥砂浆加玻璃纤维分层抹灰
100厚钢筋结构层
角钢龙骨
素土夯实

南入口广场塑石景观A—A部面图1:100

图 1-2-14 塑石工程施工设计图

表 1-2-4 园林植物种植表

序号	植物名称	类别	数量/株	面积/m²	胸径/cm	高度/m	冠径/m	备注
1	油松	—	9	—	8	1.5～1.8	—	树冠圆满，株形优美，全冠栽植
2	白皮松	—	12	—	6	2～2.5	—	树冠圆满，株形优美，全冠栽植

序号	植物名称	类别	数量/株	面积/m²	胸径/cm	高度/m	冠径/m	备注
3	广玉兰	—	31	—	12	—	—	分枝点2.2 m以上，树冠圆满，株形优美，全冠栽植
4	榉树	—	19	—	10	1.5～1.8	1.2以上	株形优美，全冠栽植
5	楝树	—	19	—	12	1.5以上	1.2以上	株形优美，全冠栽植
6	馒头柳	—	31	—	8	—	—	株形优美，分枝点3.0 m以上
7	枇杷	—	25	—	8	—	—	实生苗，株形优美，树冠圆满，分枝点2.2 m保留大部分冠形
8	柿树	—	5	—	12～15	—	—	株形优美，分枝点3.0 m以上
9	重阳木	—	17	—	8	—	2.5以上	株形优美，分枝点3.0 m以上
10	西府海棠	—	22	—	基径4	1.5以上	1.2以上	株形优美，全冠栽植，分枝点0.5～0.8 m，3～5分枝
11	红叶碧桃	重瓣红花	20	—	基径4	1.5以上	1.2以上	株形优美，全冠栽植，分枝点0.5～0.8 m，3～5分枝
12	红叶李	—	14	—	基径4	1.5以上	1.2以上	株形优美，分枝点0.8～1.2 m，3～5分枝
13	红宝石海棠	—	26	—	基径4	1.5以上	1.0以上	株形优美，分枝点0.5～0.8 m，3～5分枝
14	紫荆	—	3	—	基径4	1.2以上	1.0以上	株形优美
15	紫藤（丛生）	—	31	—	基径4	1.0以上	0.6以上	株形优美
16	红枫	—	18	—	基径3	1.2以上	1.0以上	株形优美，分枝点0.5～0.8 m，3～5分枝
17	微型月季	红花	—	43	—	—	—	2～3年生
18	葱兰	蓝紫花	—	200	—	0.5以上	0.3以上	单株，16株/m²
19	灯芯草	—	—	24	—	0.5以上	0.3以上	选用"红罗宾"，修剪高0.5 m，36株/m²
20	马蔺草	—	—	18	—	0.5以上	0.3以上	修剪高0.5 m，36株/m²
21	常夏石竹	—	—	26	—	—	—	49墩/m²，3～5芽/墩
22	鸢尾	蓝紫色花	—	53	—	—	—	49墩/m²，3～5芽/墩
23	细叶麦冬	—	—	167	—	—	—	81墩/m²，3～5芽/墩
24	草坪	—	—	—	—	—	—	冷季型草，籽播

9. 识读园林建筑小品施工详图

园林建筑小品是指功能简明、体量小巧、富于神韵、得体的精致小品。其在造园中不起主导作用，但意境美妙，有情趣。园林建筑小品种类繁多，现又因审美、设计和材料运用的多样化，使其色彩、造型、结构更加丰富（图1-2-16～图1-2-18）。

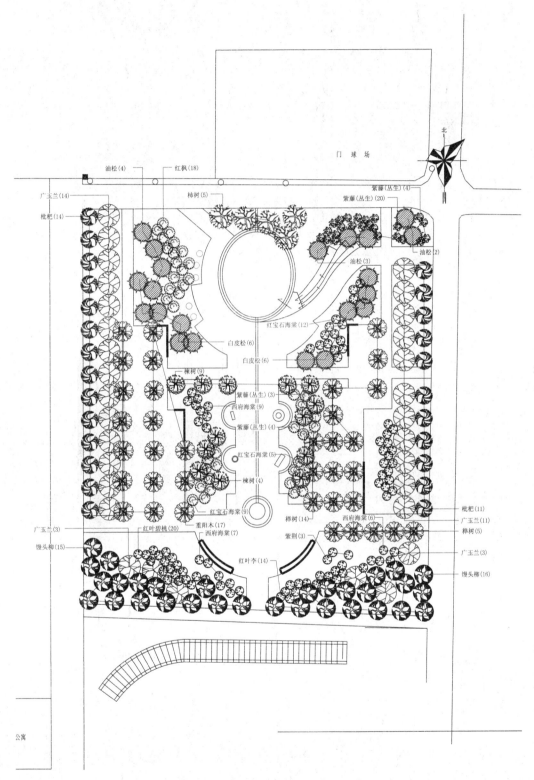

图 1-2-15　园林乔灌木植物种植设计

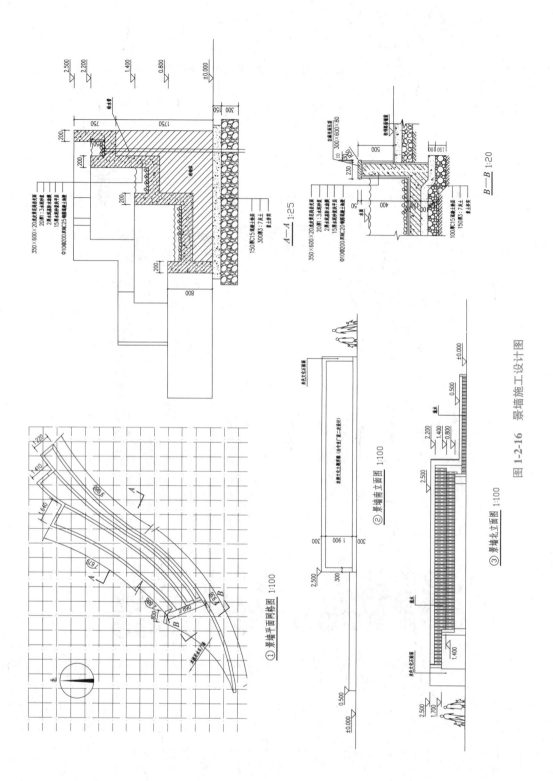

图 1-2-16 景墙施工设计图

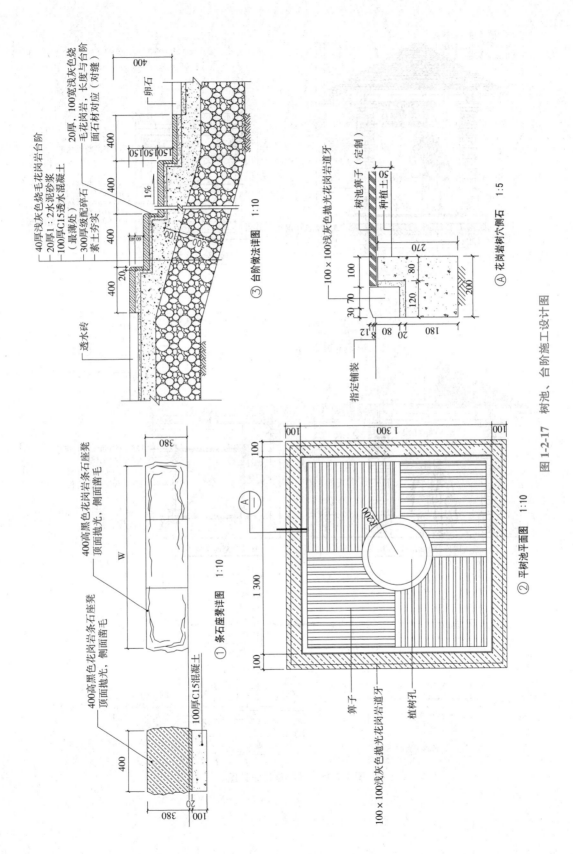

③ 台阶做法详图 1:10

- 40厚浅灰色烧毛花岗岩台阶
- 20厚1:2水泥砂浆
- 100厚C15透水混凝土（最薄处）
- 300厚级配碎石
- 素土夯实

20厚，100宽浅灰色烧毛花岗岩，长度与台阶面石材对应（对缝）

卵石

透水砖

Ⓐ 花岗岩树穴侧石 1:5

- 树池箅子（定制）
- 种植土
- 100×100浅灰色抛光花岗岩道牙
- 指定铺装

① 条石座凳详图 1:10

- 400高黑色花岗岩条石座凳 顶面抛光，侧面凿毛
- 400高黑色花岗岩条石座凳 顶面抛光，侧面凿毛
- 100厚C15混凝土

② 平树池平面图 1:10

- 箅子
- 100×100浅灰色抛光花岗岩道牙
- 植树孔

图1-2-17 树池、台阶施工设计图

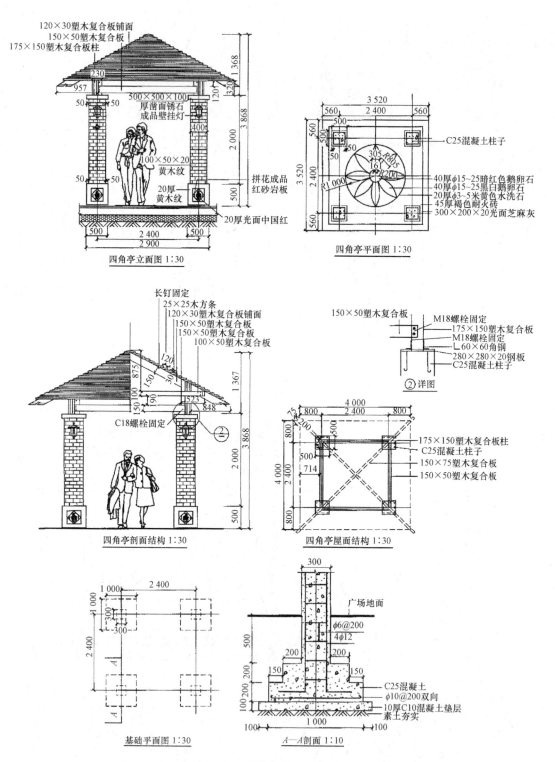

图1-2-18 景亭施工设计图

任务实施

任务实施计划书

学习领域	园林工程施工		
学习情境 1	园林工程施工图识读	学时	
计划方式	小组讨论、成员之间团结合作，共同制订计划		
序号	实施步骤		使用资源
制订计划说明			
计划评价	班级		第　组	组长签字	
	教师签字			日期	

任务实施决策单

学习领域	园林工程施工		
学习情境1	园林工程施工图识读	学时	

<table>
<tr><td colspan="9" align="center">方案讨论</td></tr>
<tr><td rowspan="8">方案对比</td><td>组号</td><td>任务耗时</td><td>任务耗材</td><td>实现功能</td><td>实施难度</td><td>安全可靠性</td><td>环保性</td><td>综合评价</td></tr>
<tr><td>1</td><td></td><td></td><td></td><td></td><td></td><td></td><td></td></tr>
<tr><td>2</td><td></td><td></td><td></td><td></td><td></td><td></td><td></td></tr>
<tr><td>3</td><td></td><td></td><td></td><td></td><td></td><td></td><td></td></tr>
<tr><td>4</td><td></td><td></td><td></td><td></td><td></td><td></td><td></td></tr>
<tr><td>5</td><td></td><td></td><td></td><td></td><td></td><td></td><td></td></tr>
<tr><td>6</td><td></td><td></td><td></td><td></td><td></td><td></td><td></td></tr>
<tr><td>7</td><td></td><td></td><td></td><td></td><td></td><td></td><td></td></tr>
<tr><td>方案评价</td><td colspan="8">评语：</td></tr>
<tr><td>班级</td><td></td><td>组长签字</td><td></td><td colspan="2">教师签字</td><td>日期</td><td></td></tr>
</table>

任务实施材料及工具清单

学习领域		园林工程施工					
学习情境1		园林工程施工图识读				学时	
项目	序号	名称	作用	数量	型号	使用前	使用后
所用仪器仪表	1						
	2						
	3						
所用材料	1						
	2						
	3						
	4						
	5						
	6						
所用工具	1						
	2						
	3						
	4						
	5						
	6						
班级		第　组		组长签字		教师签字	

任务实施作业单

学习领域		园林工程施工	
学习情境1		园林工程施工图识读	学时
实施方式		学生独立完成、教师指导	
序号		实施步骤	使用资源
1			
2			
3			
4			
5			
6			
实施说明：			
班级		第　组	组长签字
教师签字		日期	

任务实施检查单

学习领域	园林工程施工			
学习情境1	园林工程施工图识读		学时	
序号	检查项目	检查标准	学生自检	教师检查
1				
2				
3				
4				
5				
6				
7				
8				
9				
10				
11				
12				
13				
检查评价	班级		第　组	组长签字	
	教师签字		日期		
	评语：				

学习评价单

学习领域		园林工程施工			
学习情境1		园林工程施工图识读		学时	
评价类别	项目	子项目	个人评价	组内互评	教师评价
专业能力(60%)	资讯(10%)	收集信息(5%)			
		引导问题回答(5%)			
	计划(10%)	计划可执行度(5%)			
		设备材料工、量具安排(5%)			
	实施(15%)	工作步骤执行(5%)			
		功能实现(3%)			
		质量管理(3%)			
		安全保护(2%)			
		环境保护(2%)			
	检查(5%)	全面性、准确性(3%)			
		异常情况排除(2%)			
	过程(10%)	使用工、量具规范性(5%)			
		操作过程规范性(5%)			
	结果(10%)	结果质量(10%)			
社会能力(20%)	团结协作(10%)	小组成员合作良好(5%)			
		对小组的贡献(5%)			
	敬业精神(10%)	学习纪律性(5%)			
		爱岗敬业、吃苦耐劳精神(5%)			
方法能力(20%)	计划能力(10%)	考虑全面(5%)			
		细致有序(5%)			
	实施能力(10%)	方法正确(5%)			
		选择合理(5%)			

	班级		姓名		学号		总评	
	教师签字		第 组	组长签字			日期	
评价评语	评语:							

学习领域	园林工程施工			
学习情境1	园林工程施工图识读		学时	
	序号	调查内容	是	否	理由陈述
	1				
	2				
	3				
	4				
	5				
	6				
	7				
	8				
	9				
	10				
	11				
	12				
	13				
	14				
你的意见对改进教学非常重要，请写出你的建议和意见：				
调查信息	被调查人签名		调查时间	

※ 学习小结

园林在我国古代称为园、囿、苑、庭院、别业、山庄等。园林工程是将园林的多个设计要素进行工程处理，使目标园林达到一定的审美要求和艺术氛围。本学习情境主要介绍园林工程施工图基础知识、园林工程施工图识读的步骤与方法。

※ 学习检测

（1）简述园林工程施工图的编排顺序。

（2）园林工程施工图纸的幅面内容包括哪些？

（3）简述园林工程施工图的图面识读步骤。

学习情境2 土方工程

学习任务清单

学习领域	园林工程施工		
学习情境2	土方工程	学时	
布置任务			
学习目标	1. 掌握园林用地竖向设计方法。 2. 掌握运用等高面法和方格网法计算土方工程量。 3. 掌握土方工程的施工方法。		
能力目标	1. 能完成小型园林绿地竖向设计。 2. 能进行土方工程量计算及土方平衡。 3. 能进行中、小型园林工程土方施工。		
素养目标	会查阅相关资料、整理资料，具有分析问题、解决问题的能力，具有良好的团队合作、沟通交流和语言表达能力。		
任务描述	依据所学土方工程知识，完成某绿地的竖向设计，并制作模型，计算土方量，最后进行施工放样。具体任务要求如下： 1. 地形设计：用等高线法设计自然地形。 2. 计算土方量：用体积公式估算法、断面法和方格网法计算土方量。 3. 施工放样：根据设计图纸进行绿地地形施工放线。 4. 编制施工方案：能参照园林工程施工技术规范，根据施工项目及现场环境情况编制土方工程施工方案。		
对学生的要求	1. 能够熟练应用等高线进行地形造景。 2. 掌握土方量计算方法，并进行土方调配和土方平衡。 3. 熟练利用测量仪器做好施工放样和定位工作。 4. 能指挥园林机械和现场施工人员进行竖向施工，并能规范操作，安全施工。 5. 必须认真填写施工日志，土方工程施工步骤要完整。 6. 严格遵守课堂纪律和工作纪律，不迟到、不早退、不旷课。 7. 应树立职业意识，并按照企业的"6S"（整理、整顿、清扫、清洁、素养、安全）质量管理体系要求自己。 8. 本情境工作任务完成后，须提交学习体会报告，要求另附。		

资讯收集

学习领域	园林工程施工		
学习情境 2	土方工程	学时	
资讯方式	在资料角、图书馆、专业杂志、互联网及信息单上查询问题；咨询任课教师。		
资讯问题	1. 园林竖向设计有哪些方法？各种方法如何应用？ 2. 计算土方量的方法有哪些？它们各自适合在什么情况下应用？ 3. 如何利用地形现状图，计算方格网上各角点的原地形标高？有哪几种情况？ 4. 土方平衡和调配的原则有哪些？ 5. 如何进行土方的平衡和调运？ 6. 举例说明如何做土方最优调配方案。 7. 怎样识读园林土方竖向设计图？ 8. 什么是边坡坡度？如何表示？它与土壤自然倾斜角的关系是什么？ 9. 土方施工的具体内容有哪些？ 10. 土方施工之前的准备工作有哪些？ 11. 山体放线的步骤和方法有哪些？ 12. 土方施工过程包括哪几个步骤？每一步骤应注意什么问题，你能自己总结出来吗？ 13. 如何填写土方施工日志？		

2.1

土方工程概述

🐾 2.1.1　园林土方工程的特点

(1)园林建设工程中在进行土方工程的同时，要考虑园林植物的生长。

(2)植物是构成风景的重要因素，现代园林的一个重要特征是植物造景，植物生长所需要的多种生态环境对园林建设的土方工程提出了较高的要求。

(3)公园基地上也会保留一些有价值的老树，需要有效地保护好树木。

(4)通过土方工程，可以合理改良土壤的质地和性质，利于植物的生长。

💡 知识窗

园林土方施工

任何园林建筑物、构筑物、道路及广场等工程的修建，地面上都要做一定的基础，挖掘基坑、路槽等，以及园林中地形的利用、改造或创造，如挖湖堆山、平整场地都要依靠土方工程来完成。一般来说，土方工程在园林建设中是一项大工程，而且在建园过程中又是先行的项目，它完成的速度和质量，直接影响着后继工程，所以，土方工程与整个园林建设工程的进度关系密切。土方工程的工程量和投资一般都很大。

🐾 2.1.2　园林土方工程的内容

园林土方工程一般包括挖湖、堆山和各类建筑、构筑物的基坑、基槽和管沟的开挖，而各单位工程又可包括各分项工程，如图 2-1-1 所示。

🐾 2.1.3　园林竖向设计

竖向设计是指在一块场地上进行垂直于水平面方向的布置和处理。园林用地的竖向设计是园林中各个景点、各种设施及地貌等在高程上如何创造高低变化和协调统一的设计。

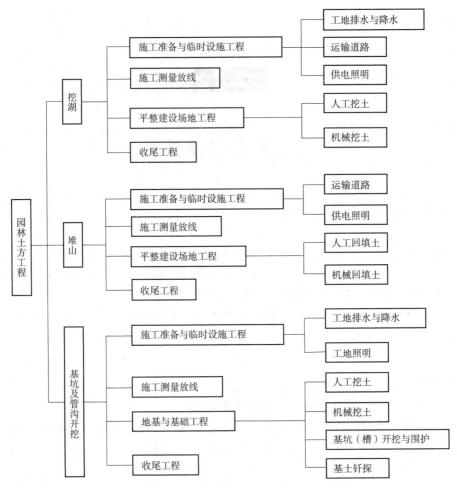

图 2-1-1　园林土方分项工程构成

竖向设计的方法有多种，主要包括等高线法、断面法、模型法等。其中，以等高线法最为常用。

2.1.3.1　等高线法

等高线法是一种比较好的设计方法，最适宜于自然山水园的土方计算。

1. 等高线的概念

等高线是一组垂直间距相等、平行于水平面的假想面，是与自然地貌相交切所得到的交线在平面上的投影(图 2-1-2)。

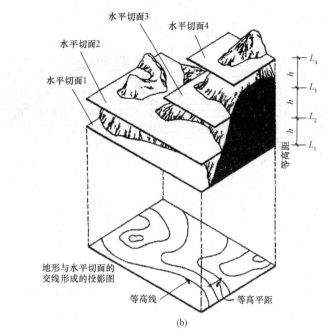

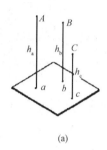

(a)

(b)

图 2-1-2 等高线

(a)标高投影示意；(b)地形标高投影

等高线的特点

(1)在同一条等高线上的所有点，其高程都相等。

(2)每一条等高线都是闭合的。由于设计红线范围或图框所限，在图纸上不一定每条等高线都能闭合，但实际上它还是闭合的，只不过闭合处在红线范围或图框之外(图 2-1-3)。

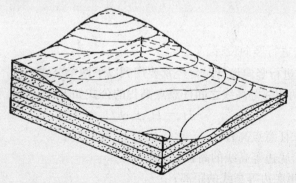

图 2-1-3　等高线在切割面上的闭合情况

(3)等高线水平间距的大小，表示地形的缓与陡。等高线越密，则地形倾斜度越大；反之，则地形倾斜度越小。当等高线水平距离相等时，则表示该地形坡面倾斜角度相同(图 2-1-4)。

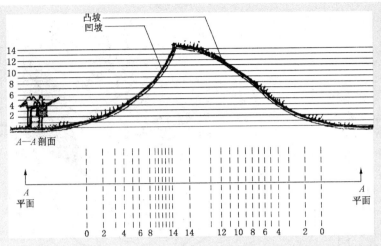

图 2-1-4　等高线的疏密程度表明了坡度大小

(4)等高线一般不相交和重叠，只在悬崖或垂面处出现这种情况(图 2-1-5)。

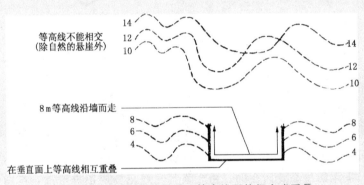

图 2-1-5　除悬崖或垂面外，等高线不能相交或重叠

(5)等高线不能直接横过河谷、堤岸、道路等。

2. 用等高线法进行竖向设计

在用等高线法进行竖向设计时，经常要用到以下两个公式。

(1)插入法求两相邻等高线之间任意点高程的公式如下：

$$H_x = H_a \pm xh/L \qquad (2-1)$$

式中　H_x——欲求任意点高程；

H_a——位于底边等高线的高程；

x——该点距底边等高线的距离；

h——等高距；

L——过该点的相邻等高线间的最小距离。

用插入法求某点原地面高程，通常会遇到下列三种情况(图 2-1-6)：

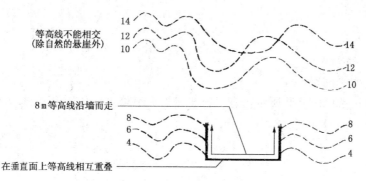

图 2-1-6　插入法求任意点高程示意

1)待求点标高 H_x 在两等高线之间。则

$$H_x = H_a + xh/L \qquad (2-2)$$

2)待求点标高 H_x 在底边等高线的下方。则

$$H_x = H_a - xh/L \qquad (2-3)$$

3)待求点标高 H_x 在高边等高线的上方。则

$$H_x = H_a + xh/L \qquad (2-4)$$

[例 2-1]　在边长为 20 m 的方格网等高线地形图上,其中 4 个角点的情况,如图 2-1-7 所示。根据等高线求角点 a 和角点 b 的原地形标高。

解:本题中角点 a 属于第一种情况。过点 a 作相邻两等高线间距离最短的线段。用比例尺量得 $x=7.5\,\mathrm{m}$,$L=12.5\,\mathrm{m}$,$h=0.2\,\mathrm{m}$,代入式(2-2),得

$$H_a = 20.60 + (7.5 \times 0.2) \div 12.5 = 20.72 (\mathrm{m})$$

角点 b 属于上述第三种情况。过点 b 作相邻两等高线间距离最短的线段。用比例尺量得 $x=13.0\,\mathrm{m}$,$L=12.0\,\mathrm{m}$,$h=0.2\,\mathrm{m}$,代入式(2-4),得

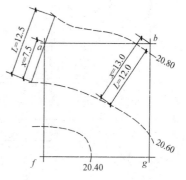

图 2-1-7　各角点情况示意

$$H_b = 20.60 + (13 \times 0.2) \div 12.0 = 20.82 (\mathrm{m})$$

角点 f 和角点 g 的原地形标高,可以通过等高线 20.40、20.60 和 20.80,同理求得。

(2)坡度公式(图 2-1-8)如下:

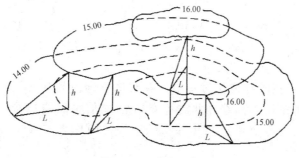

图 2-1-8　坡度示意

$$i = h/L \qquad\qquad (2\text{-}5)$$

式中　i——坡度(%)；

　　　h——高差(m)；

　　　L——水平间距(m)。

[**例2-2**]　如图2-1-9所示，有一斜坡在水平距离4 m内上升1 m，求其坡度i。

解：$i = 1/4 \times 100\% = 25\%$

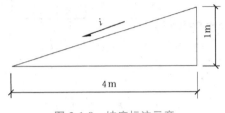

图2-1-9　坡度标注示意

3. 等高线法竖向设计的应用

(1)改变地形的坡度。等高线间距的疏密表示地形的陡缓。在设计时，如果高差h不变，可用改变等高线平行间距L来减缓或增加地形的坡度(图2-1-10)。

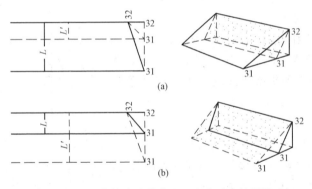

图2-1-10　调节等高线的水平距离来改变地形坡度

[**例2-3**]　有一斜坡，水平间距6 m，高差3.6 m，计划在斜坡上设计台阶以满足交通要求。由于每级台阶高度和宽度相对固定，如果每级台阶高0.15 m，踏面宽0.3 m，计算并分析原来坡度是否满足设计要求。

解：根据已知条件可知：水平间距6 m÷踏面宽0.3 m＝20级台阶，20级台阶×每级台阶高0.15 m＝3 m，而斜坡的高差是3.6 m，因此，需要把坡度i减小，高差h不变，这就需要改变水平间距L，3.6 m÷0.15 m＝24级，24级×0.3 m＝7.2 m，则水平间距应改为7.2 m方可满足条件。

(2)平垫沟谷。在园林建设过程中，有些沟谷地段须垫平。垫平这类场地的设计，可以用平直的设计等高线与拟垫平部分的同值等高线连接，其连接点就是不挖不填的点，也叫作零点。这些相邻点的连线，叫作零点线，也就是垫土的范围(图2-1-11)。

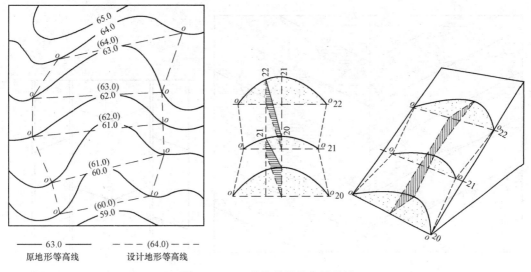

图 2-1-11 平垫沟谷的等高线设计

（3）削平山脊。将山脊削平的设计方法和平垫沟谷的方法相同，只是设计等高线所切割的原地形等高线方向与平垫沟谷正好相反（图 2-1-12）。

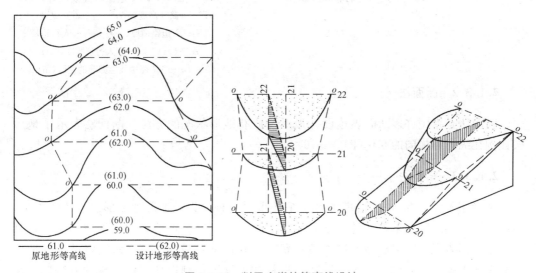

图 2-1-12 削平山脊的等高线设计

（4）平整场地。园林中的场地通常为了排水，一般设计最小坡度大于 5%，一般集散广场坡度为 1%～7%，足球场为 3%～4%，篮球场为 2%～5%，排球场为 2%～5%（图 2-1-13）。

（5）园路设计等高线的计算与绘制。园路的平面位置，纵、横坡度，转折点的位置及标高经设计确定后，便可按坡度公式确定设计等高线在图面上的位置、间距等，并处理好它与周围地形的竖向关系。道路等高线设计如图 2-1-14 所示。某中心公园绿地竖向设计如图 2-1-15 所示。

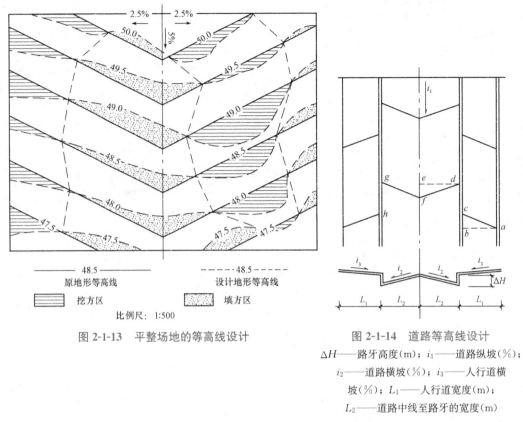

图 2-1-13　平整场地的等高线设计

原地形等高线　　　设计地形等高线

▤ 挖方区　　　▨ 填方区

比例尺: 1:500

图 2-1-14　道路等高线设计
ΔH——路牙高度(m); i_1——道路纵坡(%);
i_2——道路横坡(%); i_3——人行道横
坡(%); L_1——人行道宽度(m);
L_2——道路中线至路牙的宽度(m)

2.1.3.2　断面法

断面法是指用许多断面表达设计地形及原有地形状况的方法。断面法表示了地形按比例在纵向和横向的变化(图 2-1-16)。

2.1.3.3　模型法

模型法不同于等高线法和断面法,它主要是一种对设计地形加以形象表达的方法,可在地形规划阶段用来斟酌地形规划方案。模型法可以直观地表达地形地貌形象,具有三维空间表现力。但模型的制作费工费时,并且不便搬动。模型法是将设计的地形地貌实体形象按一定比例缩小,用特殊材料和工具进行制作加工和表现的方法。通常用以表现起伏较大的地形,相对高差不大的地形则不适宜用模型法。

制作模型的材料可以是陶土、木板、软木、泡沫板、吹塑纸、橡皮泥或其他材料。制作材料的选取,必须依据模型的用途、表现地形的复杂程度及材料来源而定。

模型制作过程:一般是按照地形图的比例及等高距进行制作。首先将板材(吹塑纸、泡沫板、厚纸板等)按每条等高线形状大小模印后裁剪切割,并按顺序编号逐层粘叠固定(单层板材厚度不够比例等高距的尺寸时,可增加板材层数或配合使用厚度不同的板材)。板材间干结牢固后,用橡皮泥在上面均匀敷抹,按设计意图捏出皱纹,使其形象自然。

通常用不同色彩的橡皮泥区别表示不同地形地物,如土黄色表示土山、绿色表示草地、淡蓝色表示水体等。

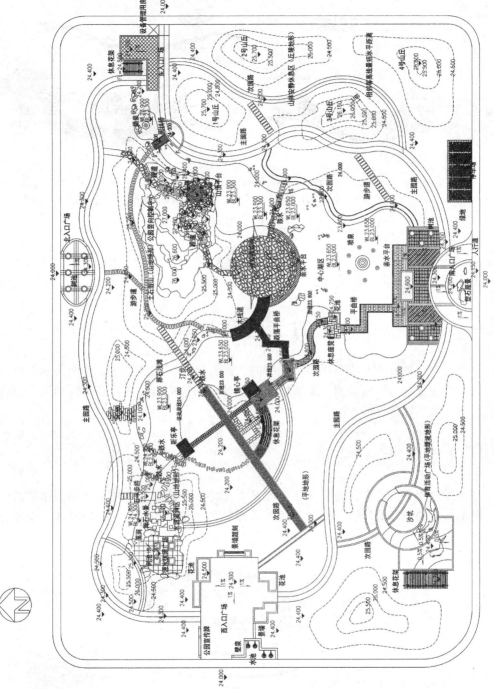

图 2-1-15 某中心公园绿地竖向设计

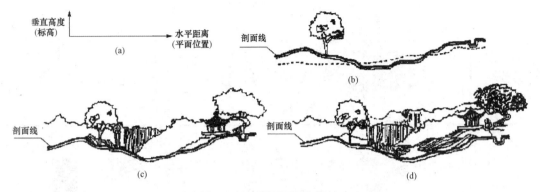

图 2-1-16　断面层竖向设计

(a)坐标示意图；(b)断面图；(c)断立面图；(d)断面透视图

2.2

土方工程量计算

计算土方工程量的方法有很多，常用的大致有体积公式估算法、断面法和方格网法三类。对比分析每种地形的原地形情况和设计后的地形情况，针对不同地形类型选择合适的土方工程量计算方法。

2.2.1　体积公式估算法

在建园过程中，经常会遇到一些类似基本几何形体的地形单体，如类似锥体的山丘、类似棱台的池塘等(图 2-2-1)。这些地形单体的体积可用相近的几何体体积公式计算，见表 2-2-1。

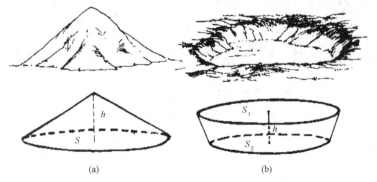

图 2-2-1　套用近似规则图形估算土方工程量

(a)类似锥体的山丘；(b)类似棱台的池塘

表 2-2-1　几何体体积公式

序号	几何体名称	几何体形状	体积
1	圆锥		$V=\dfrac{1}{3}\pi r^2 h$
2	圆台		$V=\dfrac{1}{3}\pi h(r_1^2+r_2^2+r_1 r_2)$
3	棱锥		$V=\dfrac{1}{3}Sh$
4	棱台		$V=\dfrac{1}{3}h(S_1+S_2+\sqrt{S_1 S_2})$
5	球缺		$V=\dfrac{\pi h}{6}(h^2+3r^2)$

注：V—体积；r—半径；S—底面积；h—高；r_1，r_2—上、下底半径；S_1，S_2—上、下底面积。

　　体积公式估算法就是把所设计的地形近似地假定为锥体、棱台等几何形体，然后用相应的求体积公式计算土方量。该方法简便、快捷，但精度不够，一般多用于规划方案阶段的土方量估算。

2.2.2　断面法

　　断面法是以若干相互平行的截面将拟计算的土体分裁成若干"段"，分别计算这些"段"的体积，再将各段体积累加，即可求得该计算对象的总土方量(图 2-2-2)。其计算公式如下：

$$V=L\times(S_1+S_2)\div 2 \tag{2-6}$$

式中　S_1，S_2——断面面积(m^2)；

　　　　L——相邻两断面间的距离(m)。

　　当 $S_1=S_2$ 时，则

$$V=S\times L \tag{2-7}$$

　　断面法的计算精度取决于截取断面的数量。多则精，少则粗。断面法根据其取断面的方向不同可分为垂直断面法、水平断面法(也称等高面法)，以及与水平面成一定角度的成角断面法。以下主要介绍前两种方法。

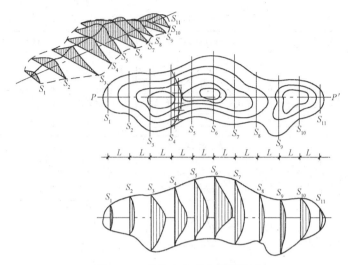

图 2-2-2　带状土山垂直断面取法

1. 垂直断面法

垂直断面法适用于带状土体(如带状山体、水体、沟、路堑、路槽等)的土方量计算。其基本计算公式虽然简便,但在 S_1 和 S_2 的面积相差较大或两断面之间的距离大于 50 m 时,计算结果误差较大。遇此情况,可改用以下公式计算:

$$V=\frac{1}{6}(S_1+S_2+4S_0)\times L \tag{2-8}$$

式中　S_0——中间断面面积(m^2)。

S_0 的面积有以下两种求法:

(1)用求棱台的截面面积公式来求 S_0 的面积。即

$$S_0=\frac{1}{4}(S_1+S_2+2\sqrt{S_1S_2}) \tag{2-9}$$

(2)用 S_1、S_2 各相应边的算术平均值来求 S_0 的面积。

[**例 2-4**]　设有一土堤,要计算的两断面呈梯形,两段断面之间的距离为 60 cm,各边数值如图 2-2-3 所示,试求其 S_0 和 V。

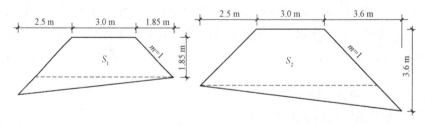

图 2-2-3　例 2-4 图

解：$S_1=[1.85\times(3+6.7)+6.7\times(2.5-1.85)]/2=11.15(m^2)$

$S_2=[2.5\times(3+8)+8\times(3.6-2.5)]/2=18.15(m^2)$

(1)用求棱台的截面面积公式求 S_0 的面积:

$$S_0=(11.15+18.15+2\sqrt{11.15\times18.15})/4=14.44(m^2)$$

$$V = \frac{1}{6}(S_1 + S_2 + 4S_0) \times L$$

$$= [(11.15 + 18.15 + 4 \times 14.44)/6] \times 60 = 870.6(\text{m}^3)$$

(2)用 S_1、S_2 各相应边的算术平均值求 S_0 的面积：

$$S_0 = [2.18 \times (3 + 7.35) + 7.35 \times (3.05 - 2.18)]/2 = 14.48(\text{m}^2)$$

$$V = \frac{1}{6}(S_1 + S_2 + 4S_0) \times L$$

$$= [(11.15 + 18.15 + 4 \times 14.48)/6] \times 60 = 872.2(\text{m}^3)$$

由上述计算可知，两种计算 S_0 面积的方法，其所得结果相差无几；而棱台的截面面积公式与算术平均法所得体积相比较，则相差较多。

2. 水平断面法（等高面法）

水平断面法是在等高线处沿水平方向截取断面，断面面积即为等高线所围合成的面积，相邻断面之间高差即为等高距（图 2-2-4）。等高面法与垂直断面法基本相似，其求体积的计算公式如下：

$$V = (S_1 + S_2)/2 \times h_1 + (S_2 + S_3)/2 \times h_1 + (S_3 + S_4)/2 \times h_1 + \cdots +$$

$$(S_{n-1} + S_n)/2 \times h_1 + S_n/3 \times h_2$$

$$= [(S_1 + S_n)/2 + S_2 + S_3 + S_4 + \cdots + S_{n-1}] \times h_1 + S_n/3 \times h_2 \qquad (2\text{-}10)$$

式中　V——土方体积（m^3）；

　　　S——各层断面面积（m^2）；

　　　h_1——等高距（m）；

　　　h_2——S_n 到山顶的间距（m）。

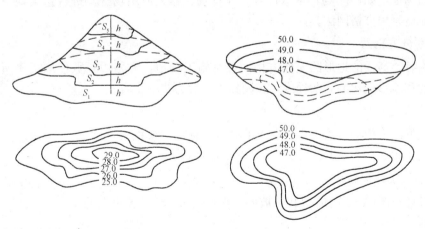

图 2-2-4　水平断面法示意

水平断面法最适于大面积自然山水地形的土方量计算。

无论是垂直断面法还是水平断面法，不规则的断面面积的计算工作总是比较烦琐的。一般来说，对不规则面积的计算可采用以下几种方法：

(1)求积仪法。运用求积仪进行测量，此法比较简便，精确度也比较高。

(2)方格纸法。用方格纸盖在图纸上，通过数方格数，再乘以每个方格的面积而求取。

此法方格网越密，精度越大。一般在数方格数时，测量对象超过方格单元的 1/2，按一整个方格计；小于 1/2 者不计。最后，进行方格数的累加，再求取面积即可。

[例 2-5]　在某绿地中设计了微地形(图 2-2-5)，现用水平断面法来计算高度在 1.00 m 以上的土方量。

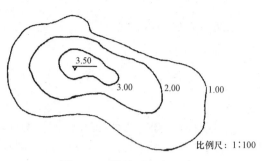

3.50
3.00　　2.00　　1.00
比例尺：1:100

图 2-2-5　微地形竖向设计图

解：$S_{1.00} = 132 \times 1 = 132 (\text{m}^2)$

$S_{2.00} = 51 \times 1 = 51 (\text{m}^2)$

$S_{3.00} = 9 \times 1 = 9 (\text{m}^2)$

(注：由于所要求取的地形为不规则地形，欲求取其水平断面面积，采用方格网估算，首先建立以 1 cm 为边长的方格网覆盖在竖向设计图上)

代入公式：$h_1 = 1$ m　$h_2 = 0.5$ m

$$V = [(S_{1.00} + S_{3.00})/2 + S_{2.00}] \times h_1 + S_{3.00} \times h_2/3$$
$$= [(132 + 9)/2 + 51] \times 1 + 9 \times 0.5/3 = 123 (\text{m}^3)$$

🐛 2.2.3　方格网法

在建园过程中，地形改造除挖湖堆山外，还有许多地坪、缓坡地需要平整。平整场地的工作是将原来高低不平的、比较破碎的地形按设计要求整理为平坦的、具有一定坡度的场地，如停车场、集散广场、体育场、露天演出场等。进行这类地块的土方量计算最适宜用方格网法。

1. 划分方格网

在附有等高线的地形图上作方格网控制施工场地，方格边长数值取决于所要求的计算精度和地形变化的复杂程度，在园林中一般为 20～40 m。

2. 求原地形标高

在地形图上用插入法求出各角点的原地形标高，或把方格网各角点测设到地面上，同时测出各角点标高，并标记在图上(图 2-2-6)。

3. 确定设计标高

依设计意图(如地面的形状、坡向、坡度值等)确定各角点的设计标高。

施工标高	设计标高
+0.80	36.00
+ ⑨	35.00
角点编号	原地形标高

图 2-2-6　方格网标注位置图

4. 求施工标高

施工标高＝原地形标高－设计标高，得数为正(＋)数时表示挖方，得数为负(－)数时表示填方。施工标高数值应填入方格网点的左上角。

5. 求零点线

求出施工标高以后，如果在同一方格中既有填土又有挖土部分，就必须求出零点线。所谓零点，就是既不挖土也不填土的点，将零点互相连接起来的线就是零点线。

零点线是挖方和填方区的分界线,它是土方量计算的重要依据。

6. 土方量计算

根据方格网中各个方格的填挖情况,分别计算出每一方格土方量。由于每一方格内的填挖情况不同,计算所依据的图式也不同。计算中,应按方格内的填挖具体情况,选用相应的图式,并分别将标高数字代入相应的公式中进行计算。

[**例 2-6**] 某公园为了满足游人游园的需要,拟将这块地面平整成为三坡向两面坡的"T"形广场。要求广场具有 1.5% 的纵坡和 2% 的横坡,土方就地平衡,试求其设计标高并计算其土方量(图 2-2-7)。

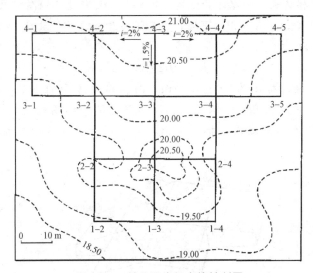

图 2-2-7 某公园广场方格控制网

解:(1)作方格网。按正南正北方向(或根据场地具体情况决定)作边长为 20 m 的方格网,将各方格角点测设到地面上;同时,测量各角点的地面标高,并将标高值标记在图纸上,这就是该点的原地形标高。一般在方格角点的右下方标注原地形标高,在右上方标注设计标高,在左下方标注施工的原地形标高,在左上方标注该角点编号。如果有较精确的地形图,可用插入法在图上直接求得各角点的原地形标高,并标记在图上。

(2)求平整标高。在保证土方平衡的前提下,把一块高低不平的地面挖高垫低使其水平,这个水平地面的高程就是平整标高。设计中通常取原地面高程的平均值(算术平均或加权平均)作为平整标高。

设平整标高为 H_0,则

$$H_0 = 1/4N(\sum h_1 + 2\sum h_2 + 3\sum h_3 + 4\sum h_4)$$

式中 h_1——计算时使用一次的角点高程;

       h_2——计算时使用二次的角点高程;

       h_3——计算时使用三次的角点高程;

       h_4——计算时使用四次的角点高程;

       N——方格数。

经计算：$\sum h_1 = (h_{4-1} + h_{4-5} + h_{3-1} + h_{3-5} + h_{1-2} + h_{1-4}) = 117.64$(m)

$2\sum h_2 = 2 \times (h_{4-2} + h_{4-3} + h_{4-4} + h_{2-2} + h_{2-4} + h_{1-3}) = 241.34$(m)

$3\sum h_3 = 3 \times (h_{3-2} + h_{3-4}) = 120.18$(m)

$4\sum h_4 = 4 \times (h_{3-3} + h_{2-3}) = 162.84$(m)

将 $N=8$ 代入上式，得

$$H_0 = 1/4N(117.64 + 241.34 + 120.18 + 162.84) = 20.06\text{(m)}$$

（3）求各角点的设计标高。求出点 4-3 的设计标高，根据坡度公式即可依此将其他角点的设计标高逐一求出。如图 2-2-8 中点 4-3 最高，设其设计标高为 x，则依据给定的坡向、坡度和方格边长，可以计算出其他各角点的假定设计标高。以点 4-2（或点 4-4）为例，点 4-2（或点 4-4）在点 4-3 的下坡，平距 $L=20$ m，设计坡度 $i=2\%$，则点 4-2 和点 4-3 之间的高差为

$$h = i \times L = 0.02 \times 20 = 0.4\text{(m)}$$

点 4-2 的假定设计标高为 $(x-0.4)$m，而在纵坡方向的点 3-3，因其设计坡度为 1.5%，所以，该点较点 4-3 低 0.3 m，其假定设计标高则为 $(x-0.3)$m。依此类推，便可将各角点的假定设计标高求出，再将图上各角点假定标高值代入求 H_0 的公式。

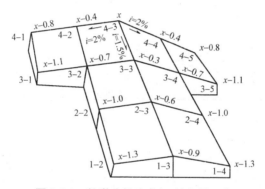

图 2-2-8　数学分析法求 H_0 的位置示意

$$\sum h_1 = x-0.8+x-0.8+x-1.1+x-1.1+x-1.3+x-1.3$$
$$= 6x-6.4$$

$$2\sum h_2 = 2 \times (x-0.4+x+x-0.4+x-1.0+x-1.0+x-0.9)$$
$$= 12x-4.2$$

$$3\sum h_3 = 3 \times (x-0.7+x-0.7)$$
$$= 6x-4.2$$

$$4\sum h_4 = 4 \times (x-0.3+x-0.6)$$
$$= 8x-3.6$$

$$H_0 = 1/4N(\sum h_1 + 2\sum h_2 + 3\sum h_3 + 4\sum h_4) = x-0.675$$

前面已求得 $H_0 = 20.06$ m，代入上式，得

$$20.06 = x-0.675, \quad x = 20.74 \text{ m}$$

（4）求施工标高。

$$施工标高＝原地形标高－设计标高$$

上式计算所得数为"＋"号者为挖方；"－"号者为填方。

（5）求零点线。在相邻两角点之间，若施工标高值一个为"＋"数，另一个为"－"数，则它们之间必有零点存在，其位置可用下式求得：

$$X＝a×h_1/(h_1＋h_2)$$

式中　X——零点距 h_1 一端的水平距离（m）；

　　　h_1，h_2——方格相邻两角点的施工标高绝对值（m）；

　　　a——方格边长（m）。

以图 2-2-9 中的点 4-2 和点 3-2 为例，求其零点 x。点 4-2 的施工标高为 ＋0.20 m，点 3-2 的施工标高为 －0.13 m，取绝对值代入上式，即 $h_1＝0.20$ m，$h_2＝0.13$ m，$a＝20$ m。

$$X＝20×0.20/(0.20＋0.13)＝12.12(m)$$

零点位于距点"4-2"12.12 m 处（或距点"3-2"7.88 m 处），同法求出其余零点，并依地形特点将各零点连接成零点线。按零点线将挖方区和填方区分开，以便计算其土方量，如图 2-2-10 所示。

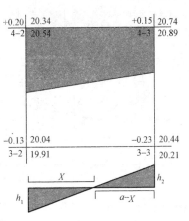

图 2-2-9　零点示意

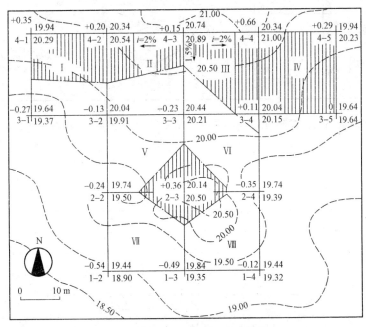

图 2-2-10　某公园广场挖填方区划图

（6）土方工程量计算。零点线为计算提供了填方、挖方的面积，而施工标高又为计算提供了挖方和填方的高度。依据这些条件，便可用方格网计算土方量公式（表 2-2-2）

求出各方格的土方量。

表 2-2-2　方格网计算土方量公式

挖填情况	平面图示	立体图示	计算公式
四点全为填方（或挖方）时			$\pm V=\dfrac{a^2}{4}\sum h$
两点填方，两点挖方时			$\pm V=\dfrac{a(b+c)}{8}\sum h$
三点填方（或挖方），一点挖方（或填方）时			$\pm V=(b\times c\times\sum h)/6$ $\pm V=(2a^2-b\times c)\sum h/10$
相对两点为挖方（或填方），余两点为填方（或挖方）时			$\pm V=(b\times c\times\sum h)/6$ $\pm V=(2a^2-b\times c-d\times e)\sum h/12$

用公式可将各个方格的土方量逐一求出，并将计算结果逐项填入土方量计算表（表 2-2-3）。

表 2-2-3　土方量计算表

方格编号	挖方/m³	填方/m³	备注
Ⅵ	32.3	16.5	
Ⅶ	17.6	17.9	
Ⅷ	58.5	6.3	
Ⅴ Ⅳ	106.0		
Ⅴ Ⅴ	8.8	39.2	
Ⅴ Ⅵ	8.2	31.2	
Ⅴ Ⅶ	6.1	88.5	
Ⅴ Ⅷ	5.2	60.5	
合计	242.7	260.1	缺土 17.4 m³

(7)绘制土方平衡表及土方调配图。土方调配表(表 2-2-4)和土方调配图(图 2-2-11)是土方施工中必不可少的图纸资料，是编制施工组织设计的重要依据。从土方调配表可以看出各调配区的进出土量、调拨关系和土方平衡情况。

表 2-2-4　土方调配表

挖方及进土		填方及弃土	填方区	I	II	III	IV	弃土	总计
挖方区	体积		体积	73.6	37.5	88.5	60.5		260.1
A	49.9				6.5	43.4			
B	165.1			67.1	37.5		60.5		
C	27.7					27.7			
进土	17.4					17.4			
总计	260.1								

土方调配是土方规划中的一个重要内容，其工作包括：划分调配区；计算土方调配区之间的平均运距(或单位土方运价，或单位土方施工费用)；确定土方最优调配方案；绘制土方调配表。

1)土方调配区的划分。土方调配的原则是应力求挖填平衡、运距最短、费用最省；考虑土方的利用，以减少土方的重复挖填和运输。

在平面图上先画出挖方区和填方区的分界线，并在挖方区和填方区划分出若干调配区，确定调配区的大小和位置，如图 2-2-11 所示。

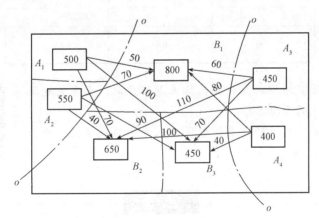

图 2-2-11　某矩形广场各调配区情况示意

2)计算各调配区土方量。根据已知条件计算出各调配区的土方量，并标注在调配图上。

3)调配区之间的平均运距。平均运距即挖方区土方重心至填方区土方重心的距离。因此，求平均运距，需先求出每个调配区的重心，如图 2-2-12 所示。

4)最优调配方案的确定。最优调配方案的确定，是以线性规定为理论基础，常用"表上作业法"求解，使总土方运输量为最小值，即为最优调配方案，见表 2-2-5。

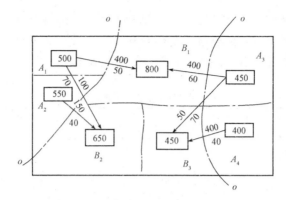

图 2-2-12 某矩形广场调配方案示意

表 2-2-5 土方最优调配方案 m³

挖方区 ＼ 填方区	B_1		B_2		B_3		挖方量
A_1		50		70		100	500
	400		100				
A_2		70		40		90	500
			550				
A_3		60		110		70	450
	400				50		
A_4		80		100		40	400
					400		
填方量	800		650		450		1 900
							1 900

5)绘制调配图。根据以上计算，标出调配方向、土方数量及每对挖填调配区之间平均运距。

在调配图上则能更清楚地看到各区的土方的盈缺情况、调拨方向、数量及距离(图 2-2-12)。

土方平衡和调配

2.3

土方施工

🌱 2.3.1 土壤的工程分类及性质

1. 土壤的工程分类

(1)松土。用铁锹即可挖掘的土，如砂土、壤土、植物性土壤。

（2）半坚土。用铁锹和部分十字镐翻松的土，如黄土类黏土，15 mm 以内的中小砾石、砂质黏土、混有碎石与卵石的腐殖土。

（3）坚土。用人工撬棍或机具开挖，有时用爆破的方法，如各种不坚实的页岩、密实黄土、含有 50 kg 以下块石的黏土。土壤的工程分类见表 2-3-1。

表 2-3-1　土壤的工程分类

类别	级别	编号	名称	平均密度 /(kg·m^{-3})	开挖方法	类别	级别	编号	名称	平均密度 /(kg·m^{-3})	开挖方法
松土	I	1	砂	1 500	用铁锹挖掘	坚土	IV	1	重质黏土	1 950	用铁锹、镐、撬杠局部凿或用锤开挖
		2	植物性土壤	1 200				2	含≤50 kg 块石、块石体积≤10% 的黏土	2 000	
		3	壤土	1 600				3	含≤10 kg 块石的粗卵石	1 950	
半坚土	II	1	黄土类黏土	1 600	用铁锹和部分十字镐翻松		V	1	密实黄土	1 800	由人工用撬杠、镐或爆破方法开挖
		2	≤15 mm 中小砾石	1 700				2	软泥灰岩	1 900	
		3	砂质黏土	1 650				3	各种不坚实的页岩	2 000	
		4	混有碎石与卵石的腐殖土	1 750				4	石膏	2 200	
	III	1	稀软黏土	1 800	用铁锹、镐挖掘，局部采用撬杠开挖		VI～X		VI～X 均为岩石类，略去	7 200	
		2	15～40 mm 的碎石与卵石	1 750							

2. 土壤的工程性质

（1）土壤密度。土壤密度指单位体积内天然状况下的土壤重量，单位为 kg/m^3。

土壤密度的大小直接影响着施工的难易程度，密度越大，挖掘越困难，所以，施工中施工技术和定额应根据具体的土壤类别来制定。

（2）土壤的自然倾斜角。土壤的自然倾斜角（安息角）指土壤自然堆积，经沉落稳定后的表面与地平面所形成的夹角，以 α 表示（图 2-3-1）。

在工程设计中，为了使工程稳定，其边坡坡度数值应参考相应土壤的自然倾斜角的数值，土壤的自然倾斜角还受到其含水量的影响。土方工程的边坡坡度以其高和水平距离之比表示（图 2-3-2），即边坡坡度＝h/L＝$\tan\alpha$。

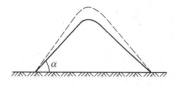

图 2-3-1　土壤的自然倾斜角　　图 2-3-2　土方工程的边坡坡度

工程界习惯以 $1:m$ 表示，m 是坡度系数，坡度系数是边坡坡度的倒数。$1:m=1:(L/h)$，所以，坡度系数是边坡坡度的倒数，如坡度为 $1:3$ 的边坡也可说成坡度系数 $m=3$ 的边坡。

（3）土壤的含水量。土壤的含水量是土壤孔隙中的水重和土壤颗粒重的比值。土壤含水量在 5％ 以内称为干土，在 30％ 以内称为潮土，大于 30％ 的称为湿土（表 2-3-2）。

表 2-3-2　土壤的含水量

土壤名称	土壤含水量/%			土壤颗粒尺寸/mm
	干土	潮土	湿土	
砾石	40	40	35	2～20
卵石	35	45	25	20～200
粗砂	30	32	27	1～2
中砂	28	35	25	0.5～1
细砂	25	30	20	0.05～0.5
黏土	45	35	15	<0.001～0.005
壤土	50	40	30	—
腐殖土	40	35	25	—

土壤含水量的多少对土方工程施工的难易程度也有直接的影响。土壤含水量过小，土质过于坚实，不易挖掘；含水量过大，土壤易泥泞，也不利于施工。

（4）土壤的相对密度。土壤的相对密度是用来表示土壤在填筑后的密实程度的。一般采用机械压实，其相对密度可达 95％；采用人力夯实，其相对密度在 87％ 左右。

（5）土壤的可松性。土壤的可松性是土壤经挖掘后，其原有紧密结构遭到破坏，主体松散而使体积增加的性质。

💡 知识窗

土方工程的分类

土方工程根据其使用期限和施工要求，可分为永久性和临时性两种。但无论是永久性还是临时性的土方工程，都要求具有足够的稳定性和密实度，使工程质量和艺术造型都符合原设计的要求。同时，在施工中还要遵守有关的技术规范和原设计的各项要求，以保证工程的稳定和持久。

土方工程的施工步骤大致可分为准备阶段、清理现场、定点放线和施工阶段。

2.3.2.1 准备阶段

在土方施工前应对工程建设进行认真、周全的准备，合理组织和安排工程建设，否则容易造成窝工甚至返工现象，进而影响工效，带来不必要的浪费。土方工程施工准备阶段应包括以下几个方面。

1. 研究和审查图纸

检查图纸和资料是否齐全，图纸是否有错误和矛盾，掌握设计内容及各项技术要求，熟悉土层地质、水文勘察资料，进行图纸会审，搞清楚建设场地范围与周围地下设施管线的关系。

2. 勘察施工现场

摸清工程现场情况，收集施工相关资料，如施工现场的地形、地貌、地质、水文气象、运输道路、植被、邻近建筑物、地下设施、管线、障碍物、防空洞、地面上施工范围内的障碍物和堆积物状况，供水、供电、通信情况，防洪排水系统等。

3. 编制施工方案

在掌握了工程内容与现场情况之后，根据甲方要求的施工进度及施工质量进行可行性分析的研究，制定出符合本工程要求及特点的施工方案与措施。绘制施工总平面布置图和土方开挖图，对土方施工的人员、施工机具、施工进度及流程进行周全、细致的安排。

4. 修建临时设施及道路

修建好临时道路，以供机械进场和土方运输之用，主要临时运输道路宜结合永久性道路的布置修建。道路的坡度、转弯半径应符合安全要求，两侧做排水沟。此外，还要安排修建临时性生产和生活设施(如工具库、材料库、临时工棚、休息室、办公棚等)，同时敷设现场供水、供电等管线并进行试水、试电等。

5. 准备机具、物资及人员

准备好挖土、运输车辆及施工用料和工程用料，并按施工平面图堆放，配备好土方工程施工所需的各专业技术人员、管理人员和技术工人等。

2.3.2.2 清理现场

1. 清理现场障碍物

在施工场地范围内，凡有碍工程的开展或影响工程稳定的地面物或地下物都应该清理，如不需要保留的树木、废旧建筑物或地下构筑物等。

(1)伐除树木。

(2)建筑物和地下构筑物的拆除。

(3)如果施工场地内的地面、地下或水下发现有管线通过或其他异常物体，应事先请有关部门协同查清，未查清前不可动工，以免发生危险或造成其他损失。

2. 做好排水设施

场地积水不仅不便于施工，而且影响工程质量，因此在施工之前，应该设法将施工场地范围内的积水或过高的地下水排走。

（1）排除地面积水。在低洼处或挖湖施工时，除挖好排水沟外，必要时还应加筑围堰或设防水堤，为了排水通畅，排水沟的纵坡不应小于 2‰，沟的边坡值为 1：1.5，沟底宽及深不小于 50 cm。

（2）地下水的排除。排除地下水的方法很多，但一般多采用明沟，引至集水井，并用水泵排出。在挖湖施工中应先挖排水沟，排水沟的深度应深于水体挖深。沟可一次挖掘到底，也可以依施工情况分层下挖，采用哪种方式可根据出土方向决定。图 2-3-3 是双向出土，图 2-3-4 是单向出土，水体开挖顺序可依图上 A、B、C、D 依次进行。

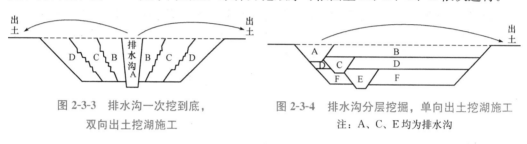

图 2-3-3　排水沟一次挖到底，　　　图 2-3-4　排水沟分层挖掘，单向出土挖湖施工
　　　　　　双向出土挖湖施工　　　　　　　　　　　注：A、C、E 均为排水沟

2.3.2.3　定点放线

清场之后，为了确定填挖土标高及施工范围，应对施工现场进行放线打桩工作。土方施工类型不同，其打桩放线的方法也不同。

1. 平整场地放线

平整场地的工作是将原来高低不平、比较破碎的地形按设计要求整理成为平坦的具有一定坡度的场地，如停车场、集散广场、体育场等。对土方平整工程，一般采用方格网法施工放线。将方格网放样到地上，在每个方格网交点处立木桩，木桩上应标有桩号和施工标高，木桩一般选用 5 cm×5 cm×40 cm 的木条，侧面须平滑，下端削尖，以便打入土中，桩上的桩号与施工图上方格网的编号相一致，施工标高中挖方注上"＋"号，填方注上"－"号（图 2-3-5）。在确定施工标高时，由于实际地形可能与图纸有出入，因此，如所改造地形要求较高，则需要放线时用水准仪重新测量各点标高，以重新确定施工标高。

2. 自然地形放线

如挖湖、堆山等，首先确定堆山或挖湖的边界线，但这样的自然地形放到地面上去是较难的。特别是在缺乏永久性地面物的空旷地面上，应先在施工图上画方格网，再把方格网放到地面上，然后把设计地形等高线和方格网的交点一一标到地面上并打桩（图 2-3-6）。

3. 山体放线

堆山填土时，由于土层不断加厚，桩可能被土埋没，所以，常采用标杆法或分层打桩法。分层打桩时，桩的长度应大于每层填土的高度。土山不高于 5 m 的，可用标杆法，即用长竹竿做标杆，在桩上把每层标高定好(图 2-3-7)。对于较高的山体，采用分层打桩法(图 2-3-8)。

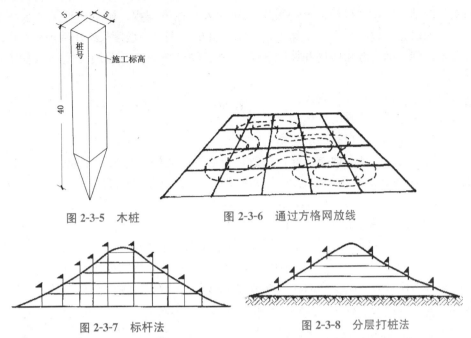

图 2-3-5　木桩　　　　图 2-3-6　通过方格网放线

图 2-3-7　标杆法　　　　图 2-3-8　分层打桩法

4. 水体放线

水体放线与山体放线基本相同，但由于水体挖深一般较一致，而且池底常年隐没在水下，放线可以粗放一些。为了精确施工，可以用边坡板控制坡度(图 2-3-9)。

5. 沟渠放线

开挖沟渠时，用打桩放线的方法易使施工木桩被移动，从而影响校核工作。所以，应每隔 30～100 m 设龙门板(图 2-3-10)一块，其间距视沟渠纵坡的变化情况而定。龙门板上应标明沟渠中心线位置，沟上口和沟底的宽度等。龙门板上还要设坡度板，用来控制沟渠纵坡。

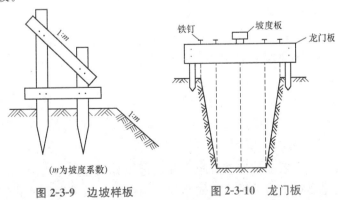

(m 为坡度系数)

图 2-3-9　边坡样板　　　　图 2-3-10　龙门板

2.3.2.4　施工阶段

土方工程施工阶段包括挖方、运土、填方、压实四部分内容。

1. 挖方

(1)人力挖方。人力挖方适用于一般园林建筑物或构筑物的基坑（槽）和管沟，以及小溪流、假植沟、带状种植沟和小范围整地的人工挖方工程。施工机具主要为尖头铁锹、平头铁锹、手锤、手推车、梯子、铁镐、撬棍、钢尺、坡度尺、小线或钢丝等。

施工流程：确定开挖顺序和坡度→确定开挖边界与深度→分层开挖→修整边缘部位→清底。

人力挖方必须注意以下要点：

1)挖土施工要有足够的工作面，平均每人 4～6 m²。

2)开挖地段附近不得有易坍落物。

3)下挖时应注意观察地质情况，注意留出必要的边坡，松散土不超过 0.7 cm，中度密度土壤不超过 1.25 m 深，坚硬土深不超过 2 m。凡超过标准者，须加支撑板或留出边坡。

4)挖方工作不得在土壁下面开挖，以防塌方。

5)施工中必须随时保护基桩、龙门板或标杆，以防损坏。

(2)机械挖方。机械挖方主要适用于较大规模的园林建筑物或构筑物的基坑（槽）和管沟，以及园林中的河流、湖泊、大范围的整地工程等的土方施工(图 2-3-11)。施工主要机械有挖土机、推土机、铲运机、自卸汽车等。

图 2-3-11　机械挖方示意

机械挖方操作流程：确定开挖的顺序和坡度→分段分层平均下挖→修边和清底。

用推土机挖湖、堆山，效率很高，但应注意以下几方面：

1)推土机司机应了解施工对象的情况，如施工地段的原地形情况和设计地形特点，最好结合模型，便于一目了然。另外，施工前推土机司机还要了解实地定点放线情况，如桩位、施工标高等，这样施工时司机心中有数，才能得心应手地按设计意图去塑造地形。这对提高工效有很大帮助，在修饰地形时可节省许多人力、物力。

2)注意保护表土。在挖湖、堆山时，先用推土机将施工地段的表层熟土（耕作层）推到施工场地外围，待地形整理妥当，再把表土铺回来。这对园林植物的生长有利，包括人力施工地段，有条件的都应当这样做。

3)为防止木桩受到破坏并有效指引推土机手，木桩应加高或做醒目标志，放线也要明显；同时，施工人员要经常到现场校核桩点和放线，以免挖错（或堆错）位置。

2. 运土

在土方调配中，一般都按照就近挖方和就近填方的原则，力求土方就地平衡，以减少土方的搬运量。运土的关键是运输路线的组织。一般采用回环式道路，避免相互交叉。运土方式也分为人工运土和机械运土两种。人工运土一般是短途的小搬运。搬运方式有用人力车拉、用手推车推或由人力肩挑背扛等。

3. 填方

填方的施工流程：基底地坪的清整→检验土质→分层铺土、耙平→分层夯实→检验密实度→修整找平验收。

填埋顺序：先填石方，后填土方；先填底土，后填表土；先填近处，后填远处。

填埋方式：大面积填方应分层填筑，一般每层 30～50 cm，并应层层压实。

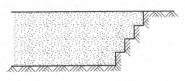

斜坡上填土，为防止新填土方滑落，应先将土坡挖成台阶状，然后再填土，以利于新旧土方的结合，使填方稳定(图 2-3-12)。

图 2-3-12　斜坡填土

土山填筑时，土方的运输路线应以设计的山头及山脊走向为依据，并结合来土方向进行安排。一般以环形线为宜，车(人)满载上山，土卸在路两侧，空载的车(人)沿路线继续前行下山，车(人)不走回头路、不交叉穿行[图 2-3-13(a)]，路线畅通，不会逆流相挤，随着不断卸土，山势逐渐升高，运土路线也随之升高，这样既组织了车(人)流，又使山体分层上升，部分土方边卸边压实，有利于山体稳定，山体表面也较自然。如果土源有数个来向，运土路线可根据地形特点安排几个小环路[图 2-3-13(b)]，小环路的布置安排应互不干扰。

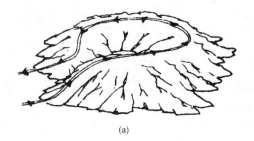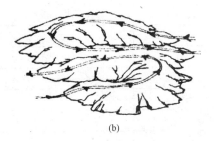

(a) (b)

图 2-3-13　土方的运输路线

(a)一个环形路；(b)多个环形路

4. 压实

土方压实方式分为人力压实和机械压实两种。人力压实可采用木夯、石碴、铁碴、滚筒、石碾等工具，一般 2 人或 4 人为一组。这种方式适用于面积较小的填方区。机械压实所用机械为碾压机、电动振夯机、拖拉机带动的铁碾等。此方式适合于面积较大的填方区。

填土的含水量对压实质量有直接影响。每种土壤都有其最佳含水量(表 2-3-3)，土在这种含水量条件下，压实后可以得到最大密实效果。为了保证填土在压实过程中处于最佳含水量，当土过湿时，应予以翻松、晾干，也可掺不同类土或吸水性填料；当土过干时，则应洒水湿润后再行压实。尤其是作为建筑、广场道路、驳岸等基础对压实要求较高的填土场合，更应注意这个问题。

土方压实应注意以下几点：

(1)为保证土壤相对稳定，压实要求均匀。

(2)填方时必须分层堆填，分层碾压夯实，否则会造成土方上紧下松。

表 2-3-3　各种土壤最佳含水量 %

土壤名称	最佳含水量	土壤名称	最佳含水量
粗砂	8~10	黏土质砂和黏土	20~30
细砂和黏质砂土	10~15	重砂土	30~35
砂质黏土	6~22		

（3）注意土壤含水量，过多过少都不利于夯实。

（4）自边缘向中心打夯，否则边缘土方外挤易引起坍落。

（5）打夯应先轻后重。先轻打一遍，使土中细粉受振落下，填满下层土粒间的空隙；然后，再加重打压，夯实土壤。

任务实施

任务实施计划书

学习领域	园林工程施工		
学习情境 2	土方工程	学时	
计划方式	小组讨论、成员之间团结合作，共同制订计划		
序号	实施步骤		使用资源
制订计划说明			
计划评价	班级	第　组	组长签字
	教师签字		日期

任务实施决策单

学习领域	园林工程施工						
学习情境2	土方工程					学时	
方案讨论							
方案对比	组号	任务耗时	任务耗材	实现功能	实施难度	安全可靠性	环保性	综合评价
	1							
	2							
	3							
	4							
	5							
	6							
	7							
方案评价	评语：						
班级		组长签字		教师签字		日期	

任务实施材料及工具清单

学习领域	园林工程施工						
学习情境2	土方工程					学时	
项目	序号	名称	作用	数量	型号	使用前	使用后
所用仪器仪表	1						
	2						
	3						
所用材料	1						
	2						
	3						
	4						
	5						
	6						
所用工具	1						
	2						
	3						
	4						
	5						
	6						
班级		第　组	组长签字		教师签字		

任务实施作业单

学习领域	园林工程施工		
学习情境 2	土方工程	学时	
实施方式	学生独立完成、教师指导		
序号	实施步骤		使用资源
1			
2			
3			
4			
5			
6			
实施说明：			
班级		第　　　组	组长签字	
教师签字			日期	

任务实施检查单

学习领域		园林工程施工		
学习情境 2		土方工程	学时	
序号	检查项目	检查标准	学生自检	教师检查
1				
2				
3				
4				
5				
6				
7				
8				
9				
10				
11				
12				
13				
检查评价	班级		第　　组	组长签字	
	教师签字		日期		
	评语：				

学习评价单

学习领域	园林工程施工				
学习情境 2	土方工程		学时		
评价类别	项目	子项目	个人评价	组内互评	教师评价
专业能力（60%）	资讯(10%)	收集信息(5%)			
		引导问题回答(5%)			
	计划(10%)	计划可执行度(5%)			
		设备材料工具、量具安排(5%)			
	实施(15%)	工作步骤执行(5%)			
		功能实现(3%)			
		质量管理(3%)			
		安全保护(2%)			
		环境保护(2%)			
	检查(5%)	全面性、准确性(3%)			
		异常情况排除(2%)			
	过程(10%)	使用工具、量具规范性(5%)			
		操作过程规范性(5%)			
	结果(10%)	结果质量(10%)			
社会能力(20%)	团结协作(10%)	小组成员合作良好(5%)			
		对小组的贡献(5%)			
	敬业精神(10%)	学习纪律性(5%)			
		爱岗敬业、吃苦耐劳精神(5%)			
方法能力(20%)	计划能力(10%)	考虑全面(5%)			
		细致有序(5%)			
	实施能力(10%)	方法正确(5%)			
		选择合理(5%)			
评价评语	班级		姓名		学号		总评	
	教师签字		第　　组	组长签字			日期	
	评语：							

教学反馈单

学习领域	园林工程施工			
学习情境 2	土方工程		学时	
	序号	调查内容	是	否	理由陈述
	1				
	2				
	3				
	4				
	5				
	6				
	7				
	8				
	9				
	10				
	11				
	12				
	13				
	14				

你的意见对改进教学非常重要，请写出你的建议和意见：

调查信息	被调查人签名		调查时间	

※ 学习小结

一般来说，土方工程在园林建设中是一项大工程，而且在建园中其又是先行的项目。其完成的速度和质量直接影响后续工程，所以，其与整个建设工程的进度关系密切。为了使工程能多快好省地完成，必须做好土方工程的设计和施工的安排。本学习情境主要介绍土方工程概述、土方工程量计算、土方施工。

※ 学习检测

一、简答题

(1)土方竖向设计的方法有多少种？

(2)如何计算土方工程量？

(3)土壤的工程性质有哪些？

(4)简述土方工程的施工步骤。

二、实训题

1. 地形设计与模型设计

(1)实训目的。了解和掌握土方工程施工前竖向设计的基本理论和方法。能够独立完成土山模型的制作。

(2)实训方法。采用分组形式，根据学生掌握情况程度进行分组。

(3)实训步骤。

1)用等高线在图纸上设计出一处土山地形。

2)把平面等高线测放到苯板上。

3)根据设计等高线用吹塑纸按比例及等高距制作土山骨架，固定在苯板上。

4)用橡皮泥完善土山的骨架，根据需要涂色完成土山模型的制作。

2. 园林土方工程施工放样

(1)实训目的。掌握根据施工图进行园林土方施工放样的步骤和方法。要求学生将施工过程写成实习报告。

(2)实训方法。采用分组形式，根据学生掌握情况的程度进行分组。

(3)实训步骤。

1)在施工图上设置方格网。

2)用经纬仪将方格网测设到实地，并在设计地形等高线和方格网的交点处立桩。

3)在桩木上标出每一个角点的原地形标高、设计标高及施工标高。

4)如果是山体放线要注意桩木的高度。

学习情境3 园林给水排水工程

学习任务清单

学习领域	园林工程施工		
学习情境3	园林给水排水工程	学时	
布置任务			
学习目标	1. 掌握园林用水特点及给水工程组成。 2. 掌握园林绿地喷灌的种类及适用范围。 3. 掌握园林排水方式及设计要点。		
能力目标	1. 能进行园林给水管网的设计与施工。 2. 能对园林绿地进行喷灌设计与施工。 3. 能进行小型绿地的排水设计与施工。		
素养目标	1. 制订有效的计划并实施各种活动；听取他人的意见，积极讨论各种观点想法，共同努力，达成一致意见。 2. 作风端正、忠诚廉洁、勇于承担责任、善于接纳、宽容、细致、耐心、合作精神。		
任务描述	依据所学给水排水工程知识，对某绿地进行喷灌设计与施工，并编制施工方案。具体任务要求如下： 1. 喷灌设计与施工。 (1)选择一种合适的喷头布置方式(正方形、长方形、等腰三角形、正三角形)，根据喷头喷洒半径进行管线布置。 (2)通过水力计算确定主管和支管的管径。 (3)确定水泵扬程和流量。 (4)利用必要的工具将喷灌系统施工图准确无误地放在地面上。 (5)喷头连接，喷水试验。 2. 编制施工方案。能参照园林工程施工技术规范，根据施工项目及现场环境情况编制给水排水工程施工方案。		
对学生的要求	1. 会熟练利用测量放线工具做好测量放样和定位工作。 2. 能指挥园林机械和现场施工人员进行竖向施工，并能规范操作，安全施工。 3. 必须认真填写施工日志，园林给水排水工程施工步骤要完整。 4. 上课时必须穿工作服，并戴安全帽，不得穿拖鞋。 5. 严格遵守课堂纪律和工作纪律、不迟到、不早退、不旷课。 6. 应树立职业意识，并按照企业的"6S"(整理、整顿、清扫、清洁、素养、安全)质量管理体系要求自己。 7. 本情境工作任务完成后，须提交学习体会报告，要求另附。		

资讯收集

学习领域	园林工程施工		
学习情境 3	园林给水排水工程	学时	
资讯方式	在资料角、图书馆、专业杂志、互联网及信息单上查询问题；咨询任课教师。		
资讯问题	1. 简述园林用水特点及给水工程系统组成。 2. 给水管网布置的一般原则是什么？ 3. 给水管网布置形式有哪些？ 4. 树枝状管网如何计算？ 5. 喷灌系统的类型有哪些？喷头的组合形式有哪些？ 6. 固定式喷灌系统的水力如何计算？ 7. 通过固定式喷灌系统的水力计算，如何确定管径？ 8. 园林排水的特点有哪些？ 9. 园林排水的方式有哪些？园林中如何减少地表径流？ 10. 安装给水排水管时应注意哪些问题？ 11. 熟悉管渠排水设计的原则和一般规定。		

3.1

园林给水工程

园林是人们休息游览的场所，同时又是园林植物较集中的地方，故必须满足人们活动、植物生长及水景用水所必需的水质、水量和水压的要求。

🐍 3.1.1 园林给水工程的基本知识

1. 园林用水的类型

园林用水根据其用途，可分为以下几类：

（1）生活用水。生活用水是指人们的日常生活用水，在园林中指饮用、烹饪、洗涤、清洗卫生等用水。

（2）养护用水。养护用水是指园林内部植物的灌溉、动物笼舍的清洗及其他园务用水（如夏季园路、广场的清洗等）。

（3）造景用水。造景用水是指园林中各种水体（包括溪流、湖泊、池塘、瀑布、喷泉等）的补充用水。

（4）消防用水。消防用水是指园林中的古建筑或主要建筑周围应该设消火栓。

2. 给水工程的组成

给水工程可分为三个部分，即取水工程、净水工程和输配水工程。三个部分用水泵联系，组成一个供水系统（图 3-1-1）。

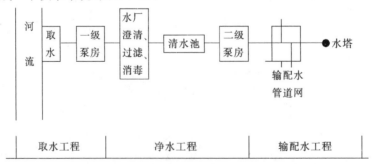

图 3-1-1　给水工程示意

（1）取水工程。取水工程是指从各种水源取水的工程，常由取水构筑物、管道、机电设备等组成。

（2）净水工程。净水工程通常是指原水不能直接使用，需要通过各种措施对原水进行净化、消毒处理，使水质符合用水要求的工程。

(3)输配水工程。输配水工程是指通过设置配水管网将水送至各用水点的工程。一般由加压泵站(或水塔)、输水管和配水管组成。

3. 给水水源

一般水的来源：地下水、地表水和自来水。

园林给水的特点

(1)地下水。地下水是由大气降水渗入地层，或者河水通过河床渗入地下而形成的。地下水一般水质澄清、无色无味、水温稳定、分布面广，并且不易受到污染，水质较好。通常可直接使用，即使用作生活用水也仅需做一些必要的消毒，不再需要净化处理。

(2)地表水。地表水来源于大气降水，包括江、河、湖水。由于地表水直接与大气相接触，长期暴露在地面上，易受周围环境污染，在各种因素的作用下，一般浑浊度较高，细菌含量大，因此，水质较差。但地表水水量充沛，取用较方便。如果地表水比较清洁或受污染较轻可直接用于植物养护或水景水体用水，但其作为生活用水则需净化消毒处理。

(3)自来水。城市给水管网中的水已经过净化消毒，一般能满足各类用水对水质的要求。自来水中的余氯若浓度较高，则需放置 $2 \sim 3$ d 或进行除氯措施处理，尤其是对氯敏感的植物养护更需注意。

💡 **知识窗**

水源的选择

(1)园林中的生活用水要优先选用城市给水系统提供的水源，其次是地下水。

(2)造景用水、植物栽培用水等应优先选用河流、湖泊中符合地面水环境质量标准的水源。

(3)风景区内如果必须筑坝蓄水作为水源，应尽可能结合水力发电、防洪、林地灌溉及园艺生产等多方面用水的需要，做到通盘考虑，统筹安排，综合利用。

(4)在水资源比较缺乏的地区，可以通过收集园林中使用过后的生活用水，经过初步的净化处理，作为苗圃、林地等灌溉用的二次水源。

(5)各项园林用水水源都要符合相应的水质标准。

(6)在地方性甲状腺肿高发地区及高氟地区，应选用含碘量、含氟量适宜的水源。

🐛 **3.1.2　园林给水管网设计**

1. 园林给水管网的布置原则

(1)干管应靠近主要供水点，保证有足够的水量和水压。

(2)与其他管道按规定保持一定距离，注意管线的最小水平净距和垂直净距。

(3)管网布置必须保证供水安全可靠，干管一般按主要道路布置，宜布置成环状，但应尽量避免在园路和铺装场地下敷设。

(4)力求以最短距离敷设管线，以降低管网造价和供水能量费用。

(5)在保证管线安全不受破坏的情况下，干管宜随地形敷设，避开复杂地形和难于施工的地段，减少土方工程量。在地形高差较大时，可考虑分压供水或局部加压，不仅能节约能量，还可以避免地形较低处的管网承受较高压力。给水管线敷设如图3-1-2所示。

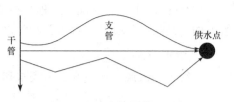

图 3-1-2　给水管线敷设示意

(6)分段分区设检修井、阀门井，一般在干管与支干管、支干管与支管连接处设阀门井，转折处设井，干管长度小于等于500 m处设井。

(7)预留支管接口。

(8)管端井应设泄水阀。

(9)确定管顶覆土厚度：管顶有外荷载时，大于等于0.7 m；管顶无外荷载，且无冰冻时，可小于0.7 m。给水管在冰冻地区应埋设在冰冻线以下20 cm处。

(10)消火栓的设置：在建筑群中小于等于120 m；距建筑外墙小于等于5 m，最小为1.5 m；距路缘石小于等于2 m。

2. 园林给水管网的布置形式

(1)树枝状管网。管网由干管和支管组成，布置犹如树枝，从树干到树梢越来越细。树枝状管网适用于用水量不大、用水点较分散的情况[图3-1-3(a)]。

优点：管线短，投资省。

缺点：供水可靠性差，若局部发生事故，后面的所有管道都会中断供水；当管网末端用水量减小，管中水流缓慢甚至停流而造成"死水"时，水质容易变坏。

(2)环状管网。环状管网是指主管和支管均呈环状布置的管网[图3-1-3(b)]。

优点：供水安全可靠，管网中任何管道都可由其余管道供水，水质不易变坏。

缺点：管线总长度大于树枝状管网，造价高。

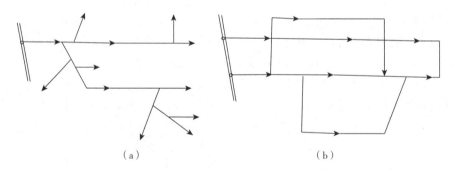

（a）　　　　　　　　　　（b）

图 3-1-3　给水管网的布置形式

(a)树枝状管网；(b)环状管网

图3-1-4所示为某公园给水管网布置图。

3. 与给水管网布置计算有关的概念

(1)用水量标准。根据我国各地区城镇的性质、生活水平和习惯、气候、房屋设备和生产性质等的不同情况而制定的用水数量标准，是进行给水管段计算的重要依据之一。通常以一年中用水最高的那一天的用水量来表示，见表3-1-1。

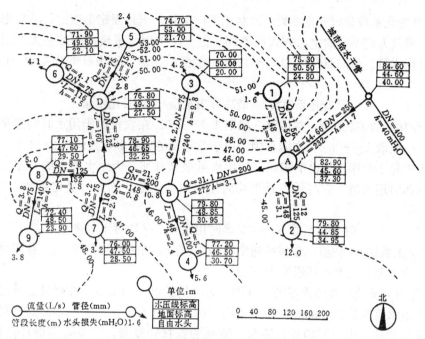

图 3-1-4　某公园给水管网布置图

表 3-1-1　用水量标准及时变化系数

序号	名称		单位	用水量标准/L	时变化系数	备注
1	餐厅		每一顾客每次	15～20	2.0～1.5	仅包括食品加工、餐具洗涤、清洁用水，工作人员、顾客的生活用水
	茶室		每一顾客每次	5～10	2.0～1.5	
	小卖部		每一顾客每次	3～5	2.0～1.5	
2	电影院		每一观众每场	3～8	2.5～2.0	(1)附设有厕所和饮水设备的露天或室内文娱活动场所，都可以按电影院或剧场的用水量标准选用；(2)俱乐部、音乐厅可按剧场用水量标准，影剧院用水量标准在电影院和剧场用水量标准之间
	剧场		每一观众每场	10～20	2.5～2.0	
3	喷泉	大型	每小时	10 000 以上		应考虑水的循环利用
		中型	每小时	2 000		
		小型	每小时	1 000		
4	洒地用水	柏油路面	每次每平方米	0.2～0.5		≤3 次/d
		石子路面	每次每平方米	0.4～0.7		≤4 次/d
		庭园及草地	每次每平方米	1.0～1.5		≤2 次/d
5	花园浇水*		每日每平方米	4～8		结合当地气候、土质等实际情况取用
	苗圃浇水*		每日每平方米	1.0～1.3		
6	公共厕所		每小时	100		
注：*者为国外资料。						

(2)日变化系数和时变化系数。园林中的用水量，不是固定不变的，一年中随着气候、游人量及人们不同的生活方式而不同。把一年中用水量最多的那一天的用水量称为最高日用水量。最高日用水量与平均日用水量的比值，称为日变化系数，以 K_d 表示。即

$$日变化系数 K_d = 最高日用水量/平均日用水量$$

（日变化系数 K_d 的值，在城镇一般取 1.2～2.0；在农村由于用水时间很集中，数值偏高，一般取 1.5～3.0。在园林中，由于节假日游人较多，其值为 2～3。）

一天中每小时用水量也不相同，把用水量最高日那一天用水最多的一小时的用水量称为最高时用水量，它与最高日平均时用水量的比值，称为时变化系数，以 K_h 表示。即

$$时变化系数 K_h = 最高时用水量 / 平均时用水量$$

（时变化系数 K_h 的值，在城镇通常取 1.3～2.5，在农村则取 5～6。在园林中，由于白天、晚上差异较大，其值为 4～6。）

(3)流量和流速。在给水系统设计中，各种构筑物的用水量是按照最高日用水量确定的，而给水管网的设计是按最高日最高时的用水量来计算确定的，最高日最高时管网中的流量就是给水管网的设计流量。流速的选择较复杂，涉及管网设计使用年限、管材及其价格、电费高低等，在实际工作中通常按经济流速的经验值取用：

室外给水管道 $DN=100～400$ mm，经济流速为 0.6～0.9 m/s；DN 大于 400 mm，经济流速为 0.9～1.4 m/s。

(4)管径确定。管网中用水量各管段计算流量分配确定后，一般作为确定管径 d 的依据。其计算公式为

$$d = \sqrt{4Q/\pi v} \approx 1.13\sqrt{Q/v} \tag{3-1}$$

式中　d——管段管径(mm)；

　　　Q——管段的计算流量(m^3/h 或 L/s)；

　　　v——管内流速(m/s)。

(5)压力和水头损失。在给水管上任意点接上压力表，都可测得一个读数，这个数字便是该点的水压力值。一般水压通常用 kg/cm^2 或 kPa 表示。为计算方便，又常用"水柱高度"表示，水力学上又将水柱高度称为水头，单位为 mH_2O。

其单位换算关系为：$1 kg/cm^2 = 10 mH_2O = 100 kPa$。

水头损失就是水在管中流动，水和管壁发生摩擦，克服这些摩擦力而消耗的势能。水头损失包括沿程水头损失和局部水头损失。

1)沿程水头损失。用 h_y 表示：

$$h_y = i \times L \tag{3-2}$$

式中　h_y——沿程水头损失(mH_2O)；

　　　i——单位管段长度的水头损失(mH_2O/m)；

　　　L——管段长度(m)。

2)局部水头损失。通常用 h_j 表示。一般取沿程水头损失值的百分比计算：生活用水管网为 25%～30%，生产用水管网为 20%，消防用水管网为 10%。

[例 3-1]　有一长 120 m 绿化管网，管径为 50 mm 的塑料给水管，在通过水量为

1.6 L/s 时，求其管道水头损失。

解：由塑料给水管水力计算表(表 3-1-2)查得其流速为：$v = 0.61$ m/s，其管道阻力为 $1\,000i = 8.03$，$i = 8.03‰$。

$$h_y = i \times L = 120 \times 8.03‰ = 0.964 (\text{mH}_2\text{O})$$

即该管的管道阻力(沿程水头损失)为 0.964 mH$_2$O。

表 3-1-2　塑料管水力计算表(节选表)

塑料管 $DN = 20 \sim 50$ mm 的 $1\,000i$ 和 v 值

Q		DN /mm								
		20		25		32		40		50	
m³/h	L/s	v	$1\,000i$	v	$1\,000i$	v	$1\,000i$	v	$1\,000i$	v	$1\,000i$
2.52	0.70	1.84	190	1.06	50.72	0.69	18.06	0.42	5.61	0.27	1.85
2.70	0.75	1.97	214	1.14	57.32	0.74	20.42	0.45	6.34	0.28	2.09
2.88	0.80	2.10	240	1.21	64.27	0.79	22.89	0.48	7.10	0.30	2.35
3.06	0.85	2.24	268	1.29	71.57	0.84	25.49	0.51	7.91	0.32	2.62
3.24	0.90	2.37	296	1.36	79.21	0.88	28.22	0.54	8.75	0.34	2.89
3.42	0.95	2.50	326	1.44	87.18	0.93	31.06	0.57	9.64	0.36	3.19
3.60	1.00	2.63	379	1.51	95.48	0.98	34.01	0.60	10.55	0.38	3.49
3.78	1.05	2.76	389	1.59	104	1.03	37.08	0.63	11.51	0.40	3.81
3.96	1.10	2.89	423	1.67	113	1.08	40.28	0.66	12.50	0.42	4.13
4.14	1.15	3.03	457	1.74	122	1.13	43.58	0.69	13.52	0.44	4.47
4.32	1.20			1.82	132	1.18	47.00	0.72	14.58	0.45	4.82
4.50	1.25			1.89	142	1.23	50.53	0.75	15.68	0.47	5.18
4.68	1.30			1.97	152	1.28	54.17	0.78	16.81	0.49	5.56
4.86	1.35			2.04	163	1.33	57.92	0.81	17.97	0.51	5.94
5.04	1.40			2.12	173	1.38	61.78	0.84	19.17	0.53	6.34
5.22	1.45			2.20	185	1.42	65.75	0.87	20.40	0.55	6.75
5.40	1.50			2.27	196	1.47	69.83	0.90	21.67	0.57	7.16
5.58	1.55			2.35	208	1.52	74.00	0.93	22.96	0.59	7.59
5.76	1.60			2.42	220	1.57	78.30	0.96	24.30	0.61	8.03
5.94	1.65			2.50	232	1.62	82.69	0.99	25.66	0.63	8.48
...											

4. 树枝状管网的水力计算步骤

(1)图纸、资料的收集。收集公园或风景区的设计图纸、说明书等；了解各用水点的用水要求、标高等。

(2)布置管网。布置管网可以是树枝网或环状网或两者的结合。在公园设计平面图上，定出给水干管的位置、走向，并对节点进行编号，量出节点间的长度。

(3)求公园中各用水点的用水量(设计流量 q_0)。

1)求某一用水点的最高日用水量 Q_d：

$$Q_d = q \times N \text{(L/d 或 m}^3/\text{d)} \tag{3-3}$$

2)求某一用水点的最高时用水量 Q_h：

$$Q_h = Q_d/24 \times K_h \; (L/h \text{ 或 } m^3/h) \tag{3-4}$$

3)求设计秒流量 q_0：

$$q_0 = Q_h/3\,600 \; (L/s) \tag{3-5}$$

（4）各管段管径的确定。根据各用水点所求得的设计秒流量 q_0 及要求的水压，查表确定给水干管和用水点之间管段的管径。

（5）水头计算。公园给水管段所需要的水压可按下式计算：

$$H = H_1 + H_2 + H_3 + H_4 \tag{3-6}$$

式中　　H ——引水管处所需要的总压力（mH_2O）；

H_1 ——引水点和用水点之间的地面高程差（m）；

H_2 ——用水点与建筑进水管的高差（m）；

H_3 ——用水点所需的工作水头（mH_2O）；

H_4 ——沿程水头损失和局部水头损失之和（mH_2O），即 $H_4 = h_y + h_j$。

（$H_2 + H_3$）表示计算用水点处的构筑物从地面算起所需的水头值，可参考以下数值：按建筑物的层数确定从地面算起的最小保证水头值：平房为 10 mH_2O；二层为 12 mH_2O；三层为 16 mH_2O；三层以上楼房每增加一层增加 4 mH_2O。

🐾 3.1.3　园林给水管网施工

1. 施工准备

施工准备工作需要注意对管线的平面布局、管段的节点位置、不同管段的管径、管底标高、阀门井与其他设施的位置进行复核，以及是否符合给水接入点等情况。

2. 给水管网定线

给水管网定线是指在用水区域的地面上确定各条配水管线的走向、路径和位置，设计时一般只限于管网的干管及支干管，不包括接入用水点的进水管。干管管径较大，用以输水到各区。支干管的作用是从干管取水供给用水点和消火栓，其管径较小。

管网定线取决于道路网的平面布置、用水点的地形和水源，以及园林里主要的用水点等。给水管线一般平行于道路中线，敷设在道路下，两侧可分出支管向就近的用水点配水，所以，配水管网的形状常与园林总体规划道路网的形态一致。但由于园林工程的特殊性，给水管网也常设在绿地草坪或地被植物下，尽量避开高大树木，避免在线路维修时出现不必要的浪费。

定线时，干管多平行于规划道路中线定线，但应尽量避免在园内主干道和人流较多的道路下穿过。干管延伸方向应与园内大用水点的水流方向一致，循水流方向以最短的距离布置一条或数条干管，干管位置应从用水量较大的区域通过。干管的间距，根据实际情况可采用 500～800 m。从经济角度来说，给水管网的布置采用一条干管接出许多支管形成树枝状网，费用最省，但从供水可靠性考虑，特殊地点以布置几条接近平行的干管并形成环状网为宜。

管网中还需安排其他一些管线和附属设备，如在供水范围内的支路下需敷设支管，以便把干管的水输送到各个用水点。

3. 沟槽开挖

沟槽开挖的断面应具有一定强度和稳定性，应考虑管道的施工方便，确保工程质量和安全；同时，也应考虑少挖方、少占地、经济合理的原则。常采用的沟槽断面形式有直槽、梯形槽、混合槽等，如图 3-1-5 所示。当有两条或多条管道共同埋设时，还需采用联合槽。

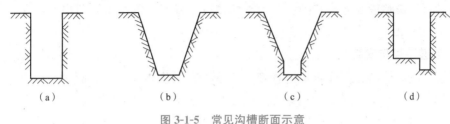

（a） （b） （c） （d）

图 3-1-5　常见沟槽断面示意

(a)直槽；(b)梯形槽；(c)、(d)混合槽

（1）沟槽堆土。在沟槽开挖之前，应根据施工环境、施工季节和作业方式制定安全、易行、经济合理的堆土、弃土、回运土的施工方案及措施。

1）沟槽上堆土(一般土质)的坡脚距槽边 1 m 以外，留出运输道路、水管暂时放置位置，隔一定距离要留出运输交通路口，堆土高度不宜超过 2 m，堆土坡度不陡于该土壤的自然倾斜角。

2）堆土时，弃土和回运土分开堆放，好土回运，便于装车运行。

（2）沟槽开挖施工方法。沟槽开挖有人工和机械两种施工方法。

在管线管径较小，土方量少或施工现场狭窄，地下障碍物多，底槽需支撑时，不宜采用机械挖槽，应采用人工挖槽。反之，宜采用机械挖槽。在挖槽时应保证槽底土壤不被扰动和破坏。一般来说，机械挖槽不可能准确地将槽底按规定高程整平，所以，在挖至设计槽底以上 20 cm 左右时停止机械作业，而用人工进行清挖。

（3）沟槽的支撑。当沟槽开挖较深、土质不好或受场地限制，挖梯形槽有困难而挖直槽时，加支撑是保证施工安全的必要措施。支撑形式根据土质、地下水、沟深等条件确定，常分为横板一般支撑、立板支撑和打桩支撑等，其适用条件见表 3-1-3。

表 3-1-3　支撑适应条件

形式 适用条件	打桩支撑	横板一般支撑	立板支撑
漕深/m	>4.0	<3.5	3～4
槽宽/m	不限	<1	<4
挖土方式	机挖	人工	人工
有较厚流水层	宜	差	不明
排水方法	强制式	明排	强制，明排均可

4. 管道基础施工

采用管径为 200～300 mm 的 PVC 管时,在不扰动原土的地基上可以不做基础,否则要做基础。如果采用其他材质,视地基及材质特点而定。采用承插式钢筋混凝土管敷设时,如地基良好,也可不做基础;如地基较差,则需做砂基础或混凝土基础。砂基础厚度不少于 150～200 mm,并应夯实。采用混凝土基础时,一般可用垫块法施工,管子下到沟槽后用混凝土块垫起,达到符合设计高程时进行接口,接口完毕经水压试验合格后再浇筑整段混凝土基础。若为柔性接口,每隔一段距离应留出 600～800 mm 范围不浇筑混凝土而填砂,使柔性接口可以自由伸缩。

5. 管道下管与安装

下管前应对管沟进行检查,检查管沟底是否有杂物,地基土是否被扰动并进行处理,管沟底高程及宽度是否符合标准,检查管沟两边土方是否有裂缝及坍塌的危险。另外,下管前应对管材、管件及配件等的规格、质量进行检查,合格者方可使用。采以 PVC(硬聚氯乙烯)管材为例,对这种管材的施工工艺进行详细叙述。在吊装及运输时,如果是预应力混凝土管或金属管,应对法兰盘面、预应力钢筋混凝土管承插口密封工作面及金属管的绝缘防腐层等处采取必要的保护措施,避免损伤。采用超重机下管时,应事先与起重人员或起重机司机一起勘察现场,根据管沟深度、土质、附近的建筑物、架空电线及设施等情况,确定起重机距沟边距离、进出路线及有关事宜。绑扎套管应找好重心,使起吊平稳,起吊速度均匀,回转应平稳,下管应低速轻放。人工下管是采用压绳下管的方法,下管的大绳应紧固,不断股、不腐烂。

6. 管道附属构筑物

阀门井、水表井要便于阀门管理人员从地面上进行操作,井内净尺寸要便于检修人员对阀杆密封填料的更换,并且能在不破坏井壁结构的情况下(有时需要揭开面板)更换阀杆、阀杆螺母、阀门螺栓。水表井是保护水表的设施,起到方便抄表与水表维修的作用。其砌筑方法大致与阀门井要求相同。

(1)阀门井的砌筑。

1)准确地测定井的位置。

2)砌筑时认真操作,管理人员严格检查。选用同厂同规格的合格砖,砌体上下错缝,内外搭砌,灰缝均匀一致,水平灰缝为凹面灰缝,灰缝宽度宜取 5～8 mm,井里口竖向灰缝宽度不小于 5 mm,边铺浆边上砖,一揉一挤,使竖缝进浆。收口时,层层用尺测量,每层收进尺寸,四面收口时不大于 3 cm,三面收口时不大于 4 cm,保证收口质量。

3)安装井圈时,井墙必须清理干净。湿润后,在井圈与井墙之间摊铺水泥浆。然后稳固井圈,露出地面部分的检查井,周围浇筑混凝土,压实抹光。

(2)阀门检验。

1)阀门的型号、规格符合设计,外形无损伤,配件完整。

2)对所选用每批阀门,按总数的 10% 且不少于 1 个进行壳体压力试验和密封试验。当不合格时,加倍抽检;仍不合格时,此批阀门不得使用。

3)壳体的强度试验压力:当试验 $p_n \leqslant 1.0$ MPa 的阀门时,试验压力为 $1.0 \times 1.5 =$

1.5(MPa)，试验时间为 8 min，以壳体无渗漏为合格。

检验合格的阀门挂上标志编号，并按设计图位号进行安装。

（3）阀门的安装。

1）阀门安装时应处于关闭位置。

2）阀门与法兰临时加螺栓连接。

3）法兰与管道焊接位置，做到阀门内无杂物堵塞，手轮处于便于操作的位置，安装的阀门应整洁、美观。

4）将法兰、阀门和管线调整同轴，法兰与管道连接处处于自由受力状态时进行法兰焊接、螺栓紧固。

5）阀门安装后，做空载启闭试验，做到启闭灵活、关闭严密。

（4）管道支墩、挡墩。在给水管道中，特别在三通、弯管、虹吸管或倒虹吸管等部位，为避免在供水运行及做水压试验时所产生的外推力造成承插口松脱，需要设置支墩、挡墩。

3.2

园林绿地喷灌工程

在当今园林绿地建设中，园林绿地基本实现了灌溉用水的管道化和自动化。园林喷灌系统就是自动化供水的一种常用方式。喷灌是借助一套专门的设备将具有压力的水喷射到空中，散成水滴降落到地面，供给植物水分的一种灌溉方法。

3.2.1 园林绿地喷灌系统的类型和构成

3.2.1.1 喷灌系统的类型

按喷灌形式，喷灌系统可分为移动式、固定式和半固定式三种。

1. 移动式喷灌系统

移动式喷灌系统要求灌溉区有天然地表水源，其动力（电动机或汽油、柴油发动机）、水泵、管道和喷头等是可以移动的。由于不需要埋设管道等设备，所以投资较经济，机动性强，但操作不便。该系统适用于天然水源充裕的地区，尤其是水网地区的园林绿地、苗圃、花圃的灌溉。

2. 固定式喷灌系统

固定式喷灌系统是泵站固定，干支管均埋于地下的布置方式，喷头固定于立管上，也可临时安装。固定式喷灌系统的设备费用较高，但操作方便，节约劳动力，便于实现自动化和遥控操作。该系统适用于需要经常灌溉和灌溉期较长的草坪、大型花坛、花圃、庭园绿地等。

3. 半固定式喷灌系统

半固定式喷灌系统要求泵站和干管固定，支管和喷头可移动，其优缺点介于上述两者之间。在园林建设中采用哪种喷灌形式应视具体情况酌情采用，也可混合使用。

3.2.1.2　喷灌系统的构成

喷灌系统通常由喷头、管材和管件、控制设备、过滤设备、加压设备及水源等构成。用于市政供水的中、小型绿地的喷灌系统一般无须设置过滤设备和加压设备。

1. 喷头

喷头按非工作状态可分为外露式喷头和地埋式喷头。地埋式喷头是指非工作状态下埋藏在地面以下的喷头。工作时，这类喷头的喷芯在水压的作用下伸出地面。其优点是不影响园林景观效果、不妨碍活动，射程、射角及覆盖角度等喷洒性能易于调节，雾化效果好，能够更好地满足园林绿地和运动场草坪的专业化喷灌要求。

2. 管材和管件

管材和管件在绿地喷灌系统中起着纽带的作用。它将喷头、闸阀、水泵等设备按照特定的方式连接在一起，构成喷灌管网系统。在喷灌行业里，聚氯乙烯(PVC)、聚乙烯(PE)和聚丙烯(PP)等塑料管正在逐渐取代其他材质的管道，成为喷灌系统的主要管材。

3. 控制设备

控制设备构成了绿地喷灌系统的指挥体系。按功能与作用的不同，其分为以下几种：

(1)状态性控制设备。状态性控制设备是指喷灌系统中能够满足设计和使用要求的各类阀门。按照控制方式的不同，可将这些阀门分为手控阀(如闸阀、球阀和快速连接阀)、电磁阀(包括直阀和角阀)和水力阀。

(2)安全性控制设备。安全性控制设备是指保证喷灌系统在设计条件下安全运行的各种控制设备，如减压阀、调压孔板、逆止阀、空气阀、水锤消除阀和自动泄水阀等。

(3)指令性控制设备。指令性控制设备是指在喷灌系统的运行和管理中起指挥作用的各种控制设备，其中包括各种控制器、遥控器、传感器、气象站和中央控制系统等。指令性控制设备的应用使喷灌系统的运行具有智能化的特征，不仅可以降低系统运行和管理的费用，而且还提高了水的利用率。

4. 过滤设备

当水中含有泥沙、固体悬浮物、有机物等杂质时，为了防止堵塞喷灌系统管道、阀门和喷头，必须使用过滤设备。

5. 加压设备

当使用地下水或地表水作为喷灌用水，或者当市政管网水压不能满足喷灌的要求时，需要使用加压设备为喷灌系统供水，以保证喷头所需工作压力。常用的加压设备主要有各类水泵。

（1）喷头的选择应符合喷灌系统设计要求。灌溉季节风大的地区或树下喷灌的喷灌系统，宜采用低仰角喷头。

（2）管及管件的选择，应使其工作压力符合喷灌系统设计工作压力的要求。

（3）水泵的选择应满足喷灌系统设计流量和设计水头的要求。水泵应在高效区运行。对于采用多台水泵的恒压喷灌泵站来说，所选各泵的流量-扬程曲线，在规定的恒压范围内应能相互搭接。

（4）喷灌机应根据灌区的地形、土壤、作物等条件进行选择，并满足系统设计要求。

3.2.2　园林绿地喷灌系统设计

1. 设计基础资料的收集

（1）地形图。比例尺为1∶1 000～1∶500的地形图，了解设计区域的形状、面积、位置、地势等。

（2）气象资料。其包括气温、雨量、湿度、风向风速等，其中风向风速对喷灌影响最大。

园林喷灌的特点

（3）土壤资料。其主要是土壤的物理性能，包括土壤的质地、持水能力、土层厚度等。土壤的物理性能是确定喷灌强度和灌水定额的依据。

（4）植被情况。其包括植被的种类、种植面积、根系情况等。

（5）水源条件。其包括城市自来水或天然水源。

2. 确定喷头布置形式

喷头布置形式也叫作喷头的组合形式，指各喷头的相对位置的安排。喷嘴喷洒的形状有圆形和扇形，一般扇形只用在场地的边角上，其他用圆形。在喷头射程相同的情况下，不同的布置形式，其支管和喷头的间距也不相同。表3-2-1是常用的几种喷头布置形式和有效控制面积及适用范围。

表 3-2-1　常用的喷头布置形式

序号	喷头组合形式	喷洒方式	喷头间距 L、支管间距 b 与喷头射程 R 的关系	有效控制面积 S/m^2	适用范围
A	正方形	全圆	$L = b = 1.42R$	$S = 2R^2$	在风向改变频繁的地方效果较好

序号	喷头组合形式	喷洒方式	喷头间距 L、支管间距 b 与喷头射程 R 的关系	有效控制面积 S/m^2	适用范围
B	正三角形	全圆	$L = 1.73R$ $b = 1.5R$	$S = 2.6R^2$	在无风的情况下喷灌的均匀度最好
C	矩形	扇形	$L = R$ $b = 1.73R$	$S = 1.73R^2$	较 A、B 节省管道
D	等腰三角形	扇形	$L = R$ $b = 1.87R$	$S = 1.865R^2$	

3. 轮灌区划分

轮灌区是指受单一阀门控制且同步工作的喷头和相应管网构成的局部喷灌系统。轮灌区划分是指根据水源的供水能力将喷灌区域划分为相对独立的工作区域，以便轮流灌溉。轮灌区划分还便于分区进行控制性供水，以满足不同植物的需水要求，也有助于降低喷灌系统工程造价和运行费用。

4. 布置喷灌管线

（1）根据选择的喷头布置形式和喷头射程等数据确定喷头的位置。

（2）用"波形"将喷头分组到支管，从而确定支管的分布形式，支管线路只需将喷头连线。

（3）画主管示意图并考虑控制阀的位置。

（4）进行支管布置及主管布线和控制阀定位的细化调整并完成。

5. 管线布置注意事项

（1）山地干管沿主坡向、脊线布置，支管沿等高线布置。

（2）缓坡地干管尽可能沿路放置，支管与干管垂直。

（3）经常刮风的地区，支管与主风向垂直。

（4）支管不可过长，支管首端与末端压力差不超过工作压力的 20%。

(5)压力水源(泵站)尽可能布置在喷灌系统中心。

(6)每根支管均应安装阀门。

(7)支管与竖管的间距按选用的喷头射程及布置方式及风向、风速确定。

6. 选择管径

根据所选喷嘴流量(Q_p)和接管管径,确定立管管径。依据布置形式、支管上喷嘴的数量,得出支管的流量(Q)。主管管径(DN)的确定与主管上连接支管的数量,以及设计同时工作的支管的数量有关,主管的流量(Q_z)随同时工作的支管数量变化而变化。

[例 3-2] 一根喷灌主管上接有 8 根支管,每根支管上有 4 个喷嘴,已选喷嘴的流量 $Q_p = 0.9 \ \text{m}^3/\text{h}$,喷嘴的连接管 $DN = 20 \ \text{mm}$,设计要求至少 2 组喷嘴能同时工作,求立管、支管和主管的管径。

解: 已知 $Q_p = 0.9 \ \text{m}^3/\text{h}$,则

每根支管的流量 $Q = 4Q_p = 4 \times 0.9 = 3.6 (\text{m}^3/\text{h})$

主管的设计流量 $Q_z \geq 2Q = 2 \times 3.6 = 7.2 (\text{m}^3/\text{h})$

为了便于安装和运输,喷灌系统一般多用钢管和 UPVC 塑料管,现采用镀锌钢管,查钢管水力计算表得:立管 $DN = 20 \ \text{mm}$,支管 $DN = 40 \ \text{mm}$,主管 $DN = 50 \ \text{mm}$。

7. 确定水泵扬程

喷灌系统与给水管道系统相似,喷头工作也需要工作压力,水在管道内流动也会有阻力和水头损失,因此,需要计算水头损失来确定引水点的水压或加压泵的扬程,以便选择合适的水泵型号。

沿程水头损失可以查管道水力计算表获得,也可以用下列公式计算:

$$h_y = S_{of} L Q^2 \tag{3-7}$$

式中　S_{of}——单位管长沿程阻力系数(s^2/m^6),见表 3-2-2、表 3-2-3;

　　　L——管长(m);

　　　Q——管中流量(m^3/s)。

表 3-2-2　各种管材的粗糙系数 n 值

管道种类	粗糙系数 n
各种光滑的塑料管(如 PVC、PE 管等)	0.008
玻璃管	0.009
石棉水泥管,新钢管,新的铸造很好的铁管	0.012
铝合金管,镀锌钢管,锦塑软管,涂釉缸瓦管	0.013
使用多年的旧钢管、旧铸铁管,离心浇筑的混凝土管	0.014
普通混凝土管	0.015

表 3-2-3　单位管长沿程阻力系数 S_{of} 值　　　　　　　　　　s^2/m^6

管内径 d /mm	各种管材的粗糙系数 n							
	0.008	0.009	0.010	0.011	0.012	0.013	0.014	0.015
25	227 940	288 200	355 900	431 000	512 500	602 500	697 500	774 000
40	183 850	23 270	28 700	34 800	41 400	48 600	56 250	64 600

管内径 d/mm	各种管材的粗糙系数 n							
	0.008	0.009	0.010	0.011	0.012	0.013	0.014	0.015
50	5 600	7 060	8 710	10 550	12 600	14 750	17 120	19 590
75	658	824.8	1 015	1 221	1 480	1 738	2 015	2 270
80	470	591	729	884	1 057	1 240	1 440	1 638
100	140	179	221	268	315	370	429	479
125	43	54.1	66.8	80.9	96.8	113.6	131.8	150
150	16.3	20.5	25.3	30.7	36.7	43	49.9	56.9
200	3.46	4.38	5.41	6.55	7.8	9.15	10.6	12.15
250	1.06	1.33	1.645	1.99	2.39	2.8	3.26	3.7

3.2.3 喷灌工程施工

喷灌工程施工主要包括以下内容：

(1)施工准备。施工前应熟悉图纸，清理施工场地。

(2)施工放线。根据实际情况，按照设计图纸进行施工放线。
放线时应先确定喷头位置，再确定管道位置。

(3)沟槽开挖。沟槽宽度一般可按管道外径加 0.4 m 确定；沟
槽深度应满足地埋式喷头安装高度及管网泄水的要求，一般情况

园林喷灌工程设施

下，绿地中管顶埋深为 0.5 m，普通道路下为 1.2 m(不足 1 m 时，需在管道外加钢套
管或采取其他措施)；沟槽开挖时，应根据设计要求保证槽床至少有 0.2% 的坡度，坡
向指向指定的泄水点，以便做好防冻工作。

(4)管道安装。安装顺序一般是先干管，后支管，再立管。

1)管道连接。喷灌系统中的管道连接普遍采用的是硬聚氯乙烯(PVC)。硬聚氯乙
烯管的连接方式有冷接法和热接法。其中，冷接法无须加热设备，便于现场操作，故
广泛用于绿地喷灌工程。

2)管道加固。管道加固是指用水泥砂浆或混凝土支墩对管道的某些部位进行压实
或支撑固定，以减小喷灌系统在启动、关闭或运行时，产生的水锤和振动作用，增加
管网系统的安全性。一般在水压试验和泄水试验合格后实施。对于地埋管道，加固位
置通常是弯头、三通、变径、堵头及间隔一定距离的直线管段。

(5)水压试验和泄水试验。在管道安装完成后进行。水压试验的目的在于检验管道
及其接门的耐压强度和密实性。泄水试验的目的是检验管网系统是否有合理的坡降，
能否满足冬季泄水的要求。

(6)覆土填埋。

1)部分回填。部分回填是指管道以上约 100 mm 范围内的回填。一般采用砂土或筛
过的原土回填，管道两侧分层踩实，禁止用石块或砖、砾等杂物单侧回填。

2)全部回填。全部回填采用符合要求的原土，分层轻夯或踩实。

(7)修筑管网附属设施。主要是阀门井、泵站等，要严格按照设计图纸进行施工。

(8)设备安装。

1)水泵和电机设备的安装。水泵和电机设备的安装施工必须严格遵守操作规程，确保施工质量。

2)喷头安装。喷头安装施工应注意以下几点：

①喷头安装前，应彻底冲洗管道系统，以免管道中的杂物堵塞喷头；

②喷头的安装高度以喷头顶部与草坪根部或灌木修剪高度平齐为宜；

③在平地或坡度不大的场合，喷头的安装轴线与地面垂直；如果地形坡度大于20°，喷头的安装轴线应取铅垂线与地面垂线所形成的夹角的平分线方向，以最大限度地保证组合喷灌均匀度。

3.3

园林排水工程

排水工程的主要任务是把雨水、废水、污水收集起来并输送到适当地点排除，或经过处理之后再重复利用和排除掉。园林中如果没有排水工程，雨水、污水淤积园内，将会使植物遭受涝灾，滋生大量蚊虫并传播疾病，既影响环境卫生，又会严重影响园林中所有的游园活动。因此，在每一项园林工程中都要设置良好的排水工程设施。

3.3.1　园林排水的种类与组成

1. 园林排水的种类

污水按来源和性质分为生活污水、生产废水和降水三类。

(1)生活污水。生活污水是指人们在日常生活中所使用过的水，主要包括从住宅、机关、学校以及其他公共建筑和工厂内人们日常生活所排出的水。

(2)生产废水。生产废水是指盆栽植物浇水时多浇的水，鱼池、喷泉池、睡莲池等较小的水景池排放的水。

(3)降水。降水是指在地面上径流的雨水和冰雪融化水。降水的特点是集中，径流量大。降水一般较清洁，但初期的雨水，由于含淋洗大气及冲洗建筑物、地面等挟带的各种污染物，通常比较脏，含有较多污染物。

2. 园林排水系统的组成

(1)生活污水排水系统。生活污水排水系统主要是排除园林生活污水，包括室内和室外部分。

(2)雨水排水系统。园林内的雨水排水系统不只是排除雨水，还要排除园林生产废水和游乐废水。因此，它的基本构成包括以下部分：

1)汇水坡地、集水浅沟和建筑物的屋面、天沟、雨水斗、竖管、散水；

2)排水明渠、暗沟、截水沟、排洪沟；

3)雨水口、雨水井、雨水排水管网、出水口；

4)在利用重力自流排水困难的地方，还可设置雨水排水泵站。

(3)排水工程系统的体制。将园林中的生活污水、生产废水、游乐废水和天然降水从产生地点收集、输送和排放的基本方式，称为排水系统的体制，简称排水体制。排水体制主要有分流制和合流制两类。

3.3.2 园林排水的方式

园林排水特点决定园林的排水方式。我国大部分园林绿地中都是采用以地面排水方式为主结合沟渠和管道排水这种方式。

1. 地面排水

地面排水即利用地面坡度使雨水汇集，再通过沟、谷、涧、山道等加以组织引导，就近排入附近水体或城市雨水管渠。这是园林中排除雨水的一种主要方法。其优点是经济适用，便于维修，而且景观自然。通过合理安排可充分发挥其优势。

园林排水的特点

2. 管渠排水

管渠排水指利用明沟、盲沟、管道等设施进行排水的方式。

(1)明沟排水。明沟排水主要是土质明沟，其断面形式有梯形、三角形和自然式浅沟，结构可为砌砖、石或混凝土明沟，如图 3-3-1 所示。

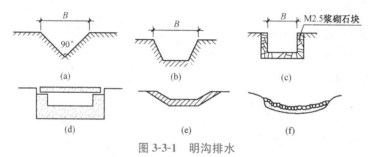

图 3-3-1　明沟排水

(a)三角形明沟；(b)梯形明沟；(c)方形明沟；(d)加盖明沟；(e)砌砖明沟；(f)卵石明沟

(2)盲沟排水。盲沟又称暗沟，是一种地下排水渠道，主要用于排除地下水，降低地下水。

1)盲沟排水的优点。取材方便，利用砖石等材料，造价相对低廉；地面没有雨水口、检查井之类构筑物，从而保持了园林绿地草坪及其他活动场地的完整性。

2)布置形式。盲沟排水的布置形式取决于地形及地下水的流动方向。常见的有树枝式、鱼骨式和铁耙式三种(图 3-3-2)，分别适用于洼地、谷地和坡地。

3)盲沟的埋深及间距。盲沟的排水量与其埋置深度与间距有关，而埋深与间距又取决于土壤条件及盲沟所起的作用。

暗沟的埋深取决于植物对地下水水位的要求、受根系破坏的影响、土壤质地、冰冻深度及地面荷载情况等因素，通常为 1.2～1.7 m；支管间距则取决于土壤种类、排水量和排水要求，要求高的场地应多设支管，支管间距一般为 9～24 m。

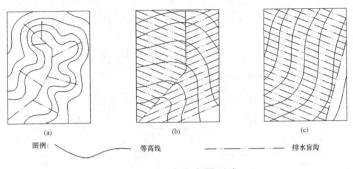

图例： 等高线 ————————— 排水盲沟

图 3-3-2 盲沟布置形式

(a)树枝式；(b)鱼骨式；(c)铁耙式

盲沟最小纵坡不小于 5‰，只要地形许可，纵坡可加大，利于排水。盲沟的制作材料很多，类型也很多，常见材料及构造形式如图 3-3-3 所示。

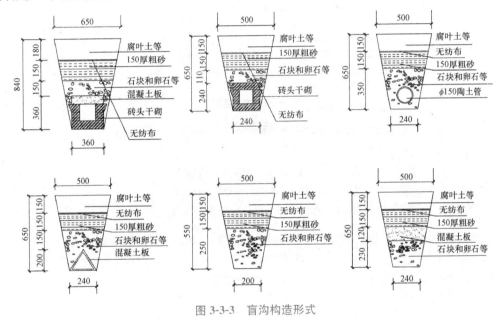

图 3-3-3 盲沟构造形式

3.3.3 园林排水体制

将园林中的生产废水、生活污水、天然降水和游乐废水从产生地点收集、输送和排放的基本方式，称为排水系统的体制，简称排水体制。排水体制有合流制和分流制两大类，如图 3-3-4 所示。

(1)合流制排水。合流制排水的排水特点是"雨、污合流"。排水系统只有一套管网，不仅可以排雨水还可以排污水。一些园林的水体面积较大，水体的自净能力完全能够消化园内有限的生活污水，为了节约排水管网建设的投资，就可以在近期考虑采用合流制排水系统，待以后污染加重了，再改造成分流制系统。这种排水体制已不适于现代城市环境保护的需要，在一般城市排水系统中已不再采用。但是在污染负荷较轻，没有超过自然水体环境的自净能力时，还是可以酌情采用的。

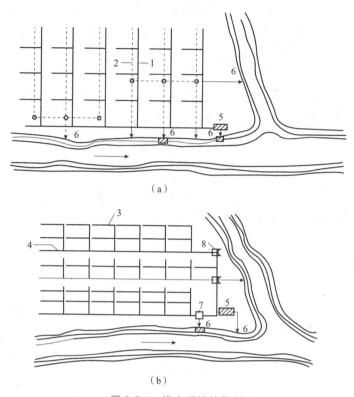

（a）

（b）

图 3-3-4　排水系统的体制

（a）分流制排水系统；（b）合流制排水系统

1—污水管网；2—雨水管网；3—合流制管网；4—截流管；5—污水处理站；6—出水口；7—排水泵站；8—溢流井

（2）分流制排水。分流制排水体制的特点是"雨、污分流"。因为雨雪水、园林生产废水、游乐废水等污染程度低，不需要净化处理就可以直接排放，为此而建立的排水系统，称为雨水排水系统。为生活污水和其他需要除污净化后才能排放的污水，另外建立的一套独立的排水系统，称为污水排水系统。两套排水管网系统虽然是一同布置，但互不相连，雨水和污水在不同的管网中流动和排除。

3.3.4　园林排水管网布置

1. 正交式布置

当排水管网的干管总走向与地形等高线或水体方向大致呈正交时，管网的布置形式就是正交式，如图 3-3-5 所示。这种布置方式适用于排水管网总走向的坡度接近于地面坡度和地面向水体方向较均匀地倾斜时。采用这种布置，各排水区的干管以最短的距离通到排水口，管线长度短，管径较小，埋深小，造价较低。在条件允许的情况下，应尽量采用正交式布置方式。

2. 截流式布置

在正交式布置的管网较低处，沿着水体方向再增设一条截流干管，将污水截流并集中引到污水处理站，这种布置形式称为截流式布置，如图 3-3-6 所示。其可减少污水对于园林水体的污染，也便于对污水进行集中处理。

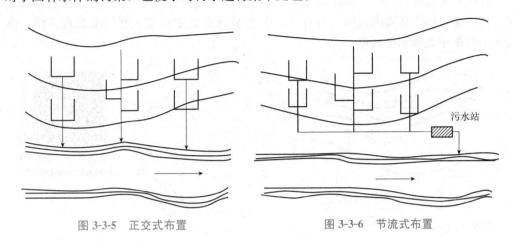

图 3-3-5　正交式布置　　　　　　　　图 3-3-6　节流式布置

3. 平行式布置

在地势向河流湖泊方向有较大倾斜的园林中，为了避免因管道坡度和水的流速过大而造成管道被严重冲刷的现象，可将排水管网的主干管布置成与地面等高线或与园林水体流动方向相平行或夹角很小的状态。这种布置方式称为平行式布置，如图 3-3-7 所示。

4. 分区式布置

当规划设计的园林地形高低差别很大时，可分别在高地形区和低地形区各设置独立的、布置形式各异的排水管网系统，这种形式就是分区式布置，如图 3-3-8 所示。低区管网可按重力自流方式直接排入水体的，高区干管可直接与低区管网连接。如果低区管网的水不能依靠重力自流排除，那么就将低区的排水集中到一处，用水泵提升到高区的管网中，由高区管网依靠重力自流方式将水排除。

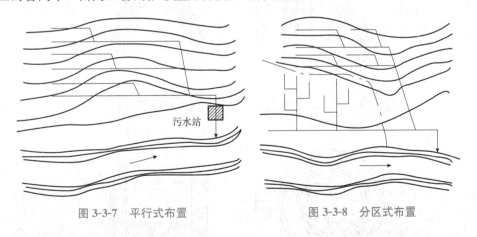

图 3-3-7　平行式布置　　　　　　　　图 3-3-8　分区式布置

5. 辐射式布置

在用地分散、排水范围较大、基本地形是向周围倾斜的和周围地区都有可供排水的水体时，为了避免管道埋设太深和降低造价，可将排水干管布置成分散的、多系统的、多出口的形式。这种形式称为辐射式布置，又称为分散式布置，如图 3-3-9 所示。

6. 环绕式布置

环绕式布置(图 3-3-10)是将辐射式布置的多个分散出水口用一条排水主干管串联起来,使主干管环绕在周围地带,并在主干管的最低点集中布置一套污水处理系统,以便污水的集中处理和再利用。

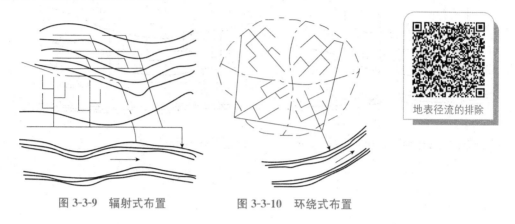

图 3-3-9 辐射式布置   图 3-3-10 环绕式布置

地表径流的排除

3.3.5 排水管渠系统附属构筑物

为排除污水,除管渠本身之外,还有许多排水附属构筑物,占排水管渠投资的很大一部分,常见的有检查井、跌水井、雨水口、出水口等。

(1)检查井。检查井常设在管渠转弯、交汇、管渠尺寸和坡度改变处。在直线管段相隔一定距离处也需设检查井。井口常为 600~700 mm,其构造如图 3-3-11 所示。

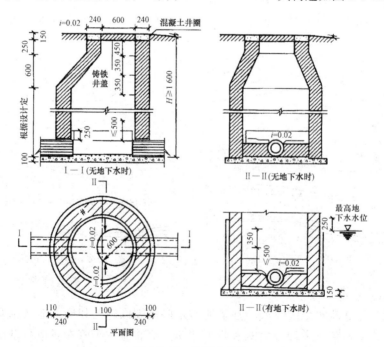

图 3-3-11 检查井构造

（2）跌水井。跌水井是设有消能设施的检查井。常见的跌水井有竖管式、阶梯式、溢流堰式等，其构造如图 3-3-12 所示。

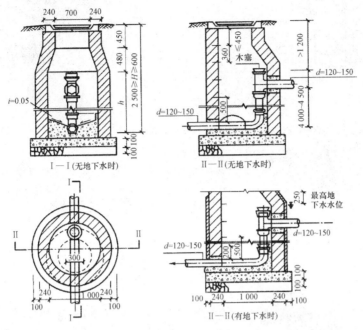

图 3-3-12　跌水井构造

（3）雨水口。雨水口是雨水管渠上收集雨水的构筑物。地表径流通过雨水口和连接管道流入检查井或排水管渠。雨水口由进水管、井筒、连接管组成。雨水口构造如图 3-3-13 所示。图 3-3-14 所示为常见园林雨水口、雨水井。

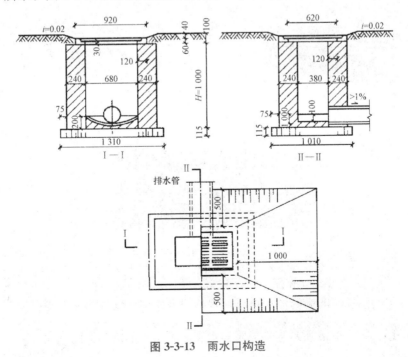

图 3-3-13　雨水口构造

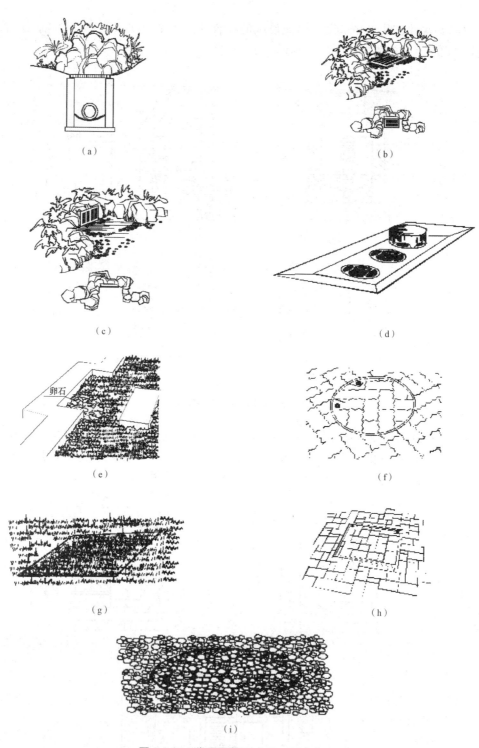

图 3-3-14　常见园林雨水口、雨水井

（a）雨水口剖面；（b）、（c）、（d）雨水口；（e）草坪上雨水口；

（f）、（h）铺地上雨水井；（g）草坪上雨水井；（i）卵石铺地上雨水井

图 3-3-15、图 3-3-16 所示为某公园排水管网施工平面图和详图。

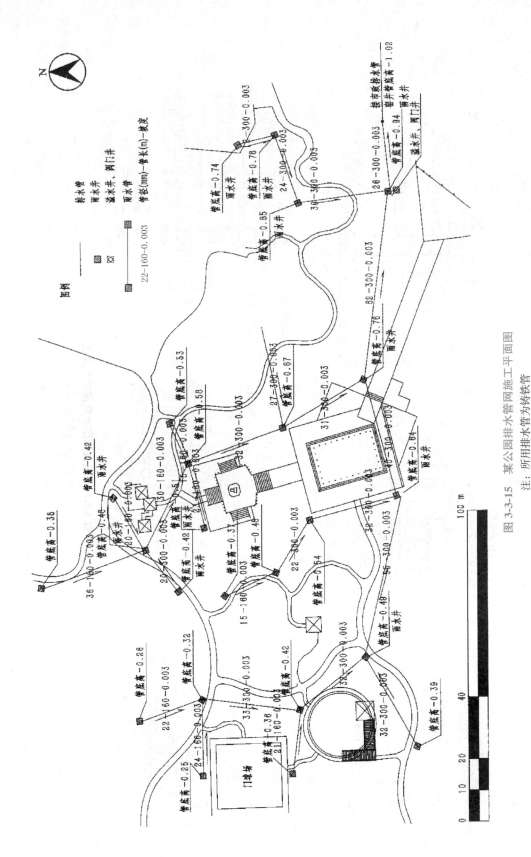

图 3-3-15　某公园排水管网施工平面图

注：所用排水管为铸铁管

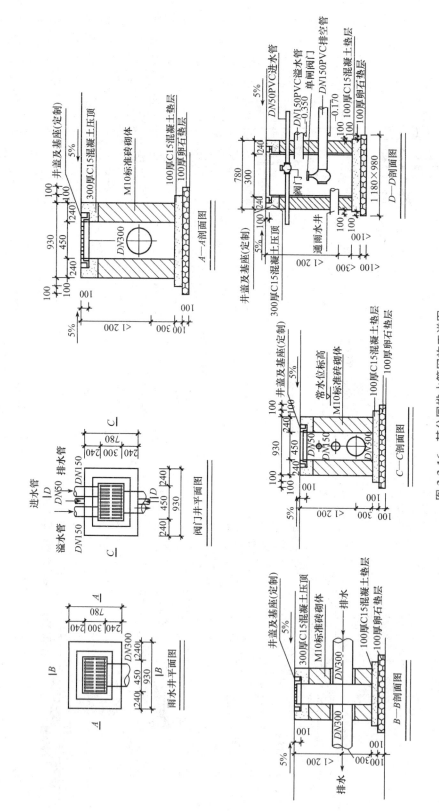

图 3-3-16　某公园排水管网施工详图

注：电缆井结构同雨水井

雨水管渠的布置原则

(1)充分利用地形，就近排入水体。

(2)结合道路规划布局：雨水管道一般宜沿道路设置。

(3)结合竖向设计：进行园林竖向设计时，应充分考虑排水的要求，以便能合理利用地形。

(4)雨水管渠形式的选择：自然或面积较大的园林绿地中，宜多采取自然明沟形式；在城市广场、小游园及没有自然水体的园林中，可以采取盖板明沟和雨水暗管形式排水。

(5)雨水口布置应使雨水不致漫出道路而影响游人行走；在汇水点、低洼处要设雨水口，注意不要设在对游人不便的地方。道路雨水口的间距取决于道路坡度、汇水面积及路面材料，一般为 25～60 m。

任务实施

任务实施计划书

学习领域	园林工程施工		
学习情境3	园林给水排水工程	学时	
计划方式	小组讨论、成员之间团结合作，共同制订计划		
序号	实施步骤		使用资源
制订计划说明			
计划评价	班级		第　　组	组长签字	
	教师签字		日期	

学习领域	园林工程施工						
学习情境 3	园林给水排水工程					学时	
方案讨论							
方案对比	组号	任务耗时	任务耗材	实现功能	实施难度	安全可靠性	环保性	综合评价
	1							
	2							
	3							
	4							
	5							
	6							
	7							
方案评价	评语：						
班级		组长签字		教师签字		日期	

任务实施材料及工具清单

学习领域	园林工程施工						
学习情境 3	园林给水排水工程					学时	
项目	序号	名称	作用	数量	型号	使用前	使用后
所用仪器仪表	1						
	2						
	3						
所用材料	1						
	2						
	3						
	4						
	5						
	6						
所用工具	1						
	2						
	3						
	4						
	5						
	6						
班级		第 组	组长签字			教师签字	

任务实施作业单

学习领域	园林工程施工		
学习情境 3	园林给水排水工程	学时	
实施方式	学生独立完成、教师指导		
序号	实施步骤		使用资源
1			
2			
3			
4			
5			
6			
实施说明：			
班级		第　　组	组长签字	
教师签字		日期	

任务实施检查单

学习领域	园林工程施工			
学习情境 3	园林给水排水工程		学时	
序号	检查项目	检查标准	学生自检	教师检查
1				
2				
3				
4				
5				
6				
7				
8				
9				
10				
11				
12				
13				
检查评价	班级		第　　组	组长签字	
	教师签字		日期	
	评语：			

学习评价单

学习领域	园林工程施工				
学习情境3	园林给水排水工程			学时	
评价类别	项目	子项目	个人评价	组内互评	教师评价
专业能力 （60%）	资讯 （10%）	收集信息（5%）			
		引导问题回答（5%）			
	计划 （10%）	计划可执行度（5%）			
		设备材料工、量具安排（5%）			
	实施 （15%）	工作步骤执行（5%）			
		功能实现（3%）			
		质量管理（3%）			
		安全保护（2%）			
		环境保护（2%）			
	检查 （5%）	全面性、准确性（3%）			
		异常情况排除（2%）			
	过程 （10%）	使用工、量具规范性（5%）			
		操作过程规范性（5%）			
	结果 （10%）	结果质量（10%）			
社会能力（20%）	团结协作 （10%）	小组成员合作良好（5%）			
		对小组的贡献（5%）			
	敬业精神 （10%）	学习纪律性（5%）			
		爱岗敬业、吃苦耐劳精神（5%）			
方法能力 （20%）	计划能力 （10%）	考虑全面（5%）			
		细致有序（5%）			
	实施能力 （10%）	方法正确（5%）			
		选择合理（5%）			

	班级		姓名		学号		总评	
	教师签字		第 组	组长签字			日期	
评价评语	评语：							

教学反馈单

学习领域	园林工程施工			
学习情境 3	园林给水排水工程		学时	
	序号	调查内容	是	否	理由陈述
	1				
	2				
	3				
	4				
	5				
	6				
	7				
	8				
	9				
	10				
	11				
	12				
	13				
	14				
你的意见对改进教学非常重要，请写出你的建议和意见：					
调查信息	被调查人签名		调查时间	

※ 学习小结

园林作为休闲、娱乐、游览的场所，给水排水工程是其必不可少的设施，同时，完善的给水排水工程对园林保护和发展也具有重要的意义。本学习情境主要介绍园林给水工程施工、园林绿地喷灌工程施工和园林排水工程施工。

※ 学习检测

一、简答题

(1)园林用水的类型有哪些?

（2）简述园林给水管网的布置原则。

（3）园林给水管网的布置形式有哪些？

（4）园林给水管网施工主要内容有哪些？

（5）喷灌系统的类型有哪些？喷灌系统由哪些构成？

（6）园林排水方式有哪些？

（7）园林排水体制有哪两种？

二、实训题

园林喷灌工程设计与施工。

（1）实训目的。掌握喷灌设计的基本原理及喷灌工程的施工技术。

（2）实训方法。学生以小组为单位，进行场地实测、施工图设计、备料和放线施工。每组交报告一份，内容包括施工组织设计和施工记录报告。

（3）实训步骤。

1）熟悉喷灌系统布置的有关技术要求。

2）施工场地的测量。

3）进行喷灌系统的施工图设计。

4）喷灌工程施工及闭水实验。

学习情境4 园林水景工程

学习任务清单

学习领域	园林工程施工		
学习情境4	园林水景工程	学时	
布置任务			
学习目标	1. 掌握湖、溪涧、瀑布等自然式园林水景的设计方法与营造技术。 2. 掌握驳岸和护坡的结构与设计方法。 3. 掌握水池的结构与设计方法。 4. 掌握喷泉的结构与设计方法。		
能力目标	1. 能进行湖、溪涧、瀑布等自然式园林水景的设计与施工。 2. 能进行驳岸和护坡的设计与施工。 3. 能进行水池的设计与施工。 4. 能进行喷泉的设计与施工。		
素养目标	有足够的业务知识，具有较强的组织领导能力。对工作认真负责、任劳任怨、注重作业跟进。有及时解决、排除设备运行故障的能力。		
任务描述	依据所学水景工程知识，拟在某中心广场设计一喷泉，要求此喷泉具有丰富的立面形态，能够吸引游客驻足欣赏。具体任务要求如下： 1. 喷泉和水池设计与施工： (1)喷泉和水池平面图、立面图。 (2)喷泉和水池管线布置平面图、轴测图。 (3)水池池底和池壁结构图。 (4)阀门井、泵坑、泄水坑等构造详图。 (5)完成设计图，并进行现实施工操作。 2. 编制施工方案：能参照园林工程施工技术规范，根据施工项目及现场环境情况编制水景工程施工方案。		
对学生的要求	1. 能进行湖、溪涧、瀑布等自然式园林水景的设计与施工。 2. 能进行驳岸和护坡的设计与施工。 3. 能进行水池的设计与施工。 4. 能进行喷泉的设计与施工。 5. 能指挥园林机械和现场施工人员进行竖向施工，并能规范操作，安全施工。 6. 必须认真填写施工日志，园林水景工程施工步骤要完整。		

学习领域	园林工程施工		
学习情境 4	园林水景工程	学时	
布置任务			
对学生的要求	7. 上课时必须穿工作服，并戴安全帽，不得穿拖鞋。 8. 严格遵守课堂纪律和工作纪律，不迟到、不早退、不旷课。 9. 应树立职业意识，并按照企业的"6S"(整理、整顿、清扫、清洁、素养、安全)质量管理体系要求自己。 10. 本情境工作任务完成后，须提交学习体会报告，要求另附。		

资讯收集

学习领域	园林工程施工		
学习情境 4	园林水景工程	学时	
资讯方式	在资料角、图书馆、专业杂志、互联网及信息单上查询问题；咨询任课教师。		
资讯问题	1. 简述人工湖的施工要点。 2. 简述常见水生植物种植池的构造及做法。 3. 驳岸有哪些类型？驳岸结构由哪几部分组成？驳岸的作用有哪些？ 4. 破坏驳岸的主要因素有哪些？ 5. 简述园林护坡的主要类型及作用。 6. 水池设计包括哪些内容？ 7. 水池给水系统有哪几种形式？ 8. 分析水池防水渗漏各种方法的优点及缺点。 9. 喷泉供水形式有哪几种？喷泉控制方式有哪些？ 10. 常见的喷泉喷头有哪些？		

4.1

静水工程

静水是指园林中成片状汇集的水面。它常以湖、塘、池等形式出现。静水无色而透明，具有安谧且祥和的特点，能反映出周围物像的倒影，这又赋予静水以特殊的景观，给人以丰富的想象。在色彩上，可以映射周围环境四季的季相变化；在微风拂过时，可产生微动的波纹或层层的浪花；在光线下，可产生倒影、逆光、反射等，使水面变得波光潋滟，色彩缤纷，给庭园或建筑带来无限的光晕和动感。

4.1.1 湖

在园林中建造人工湖，首先应确定其规模和平面形状，其次确定水体的水深和水位，最后对湖底结构与岸坡进行设计，并综合考虑水景附属设施，如植物种植池、观景平台、码头等。

1. 湖的布置要点

园林中利用湖体来营造水景，应充分体现湖的水光特色。

(1)要注意湖岸线的水滨设计，以及湖岸线的"线形艺术"，以自然曲线为主，讲究自然流畅，开合相映。常见湖岸线平面设计的基本形式如图 4-1-1 所示。

(2)湖的形状大致与所在地块的形状保持一致。在水面形状设计中，有时需要通过两岸岸线凸进水面的方式将水面划分；或通过堤、岛等进行分区。

(3)水面的大小、宽窄要与环境相协调。湖池水面的大小、宽窄与环境的关系比较密切。水面的纵、横长度与水边景物高度之间的比例关系，对水景效果影响较大。

(4)水面空间处理手法。通过桥、岛、建筑物、堤岸和汀步等分隔水面空间，以丰富园林空间的造型层次和景深感。

(5)湖的水深一般为 1.5～3.0 m。园林中湖的水深一般不是均一的，安全水深不超过 0.7 m。湖的中部及其他部分，水的深度可根据不同使用功能要求来确定。如划船的湖，水的深度不宜小于 0.7 m，儿童浅水池水深一般为 0.2～0.3 m。

(6)要注意人工湖的基址选择。应选择壤土、土质细密、土层厚实之地，不宜选择过于黏质或渗透性大的土质为湖址。如果渗透力较大，必须采取工程措施设置防漏层。

2. 湖的平面形状

园林中的湖多为自然式，指自然形成或模仿自然湖泊的水体，由自由曲线围合成的水面，其形状是不规则的。根据曲线岸边的不同围合情况，水面设计为多种形状，如肾形、葫芦形、兽皮形、钥匙形、菜刀性、指形和聚合形等(图 4-1-2)。

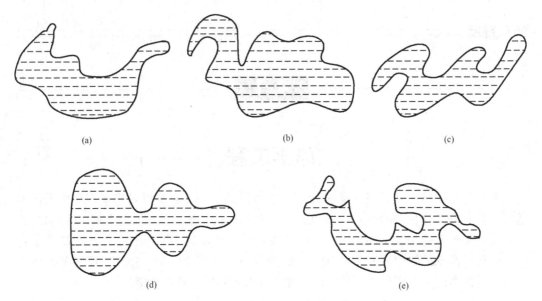

图 4-1-1 湖岸线平面设计形式

(a)心字形；(b)云形；(c)流水形；(d)葫芦形；(e)水字形

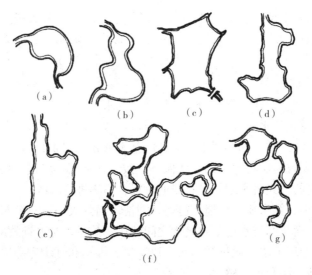

图 4-1-2 自然式湖的平面形状

(a)肾形；(b)葫芦形；(c)兽皮形；(d)钥匙形；(e)菜刀形；(f)指形；(g)聚合形

3. 人工湖的施工方法

人工湖的主要施工流程：施工准备、定位放线→湖区土方开挖→运土→清理湖底→推平碾压湖底→30 cm 厚素土回填。

(1)认真分析设计图纸，并按设计图纸确定土方工程量；详细勘察现场，按设计线形定点放线。

（2）勘察基址渗漏情况，制定施工方法及工程措施。好的湖底全年水量损失占水体体积的5%～10%；一般湖底全年水量损失占水体积的10%～20%；较差的湖底全年水量损失占水体积的20%～40%。

（3）挖湖。湖体开挖程序：测量放线→开挖→修坡→推平→压实。挖土自上而下，水平分段分层进行，每层3m左右，挖湖和修湖岸一次完成，边挖边检查湖体下口、湖体水位线及湖体上口标高，同时检查湖岸坡度，不满足要求时及时修整。

（4）做湖底。湖底的做法因地制宜，可做成灰土层湖底、塑料薄膜湖底和混凝土湖底等。其中，灰土层适用于大面积湖体，混凝土适用于小面积湖体。图4-1-3、图4-1-4所示为几种常见的湖底做法。

（5）做岸顶。岸顶一般做成自然式。图4-1-5所示为园林人工湖工程的分项工程构成。

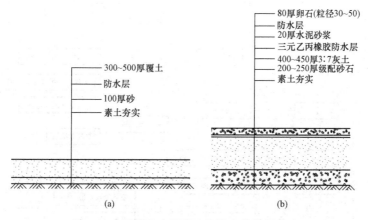

图4-1-3　常见的大型人工湖湖底构造及做法
（a）大型人工湖湖底做法（一）；（b）大型人工湖湖底做法（二）

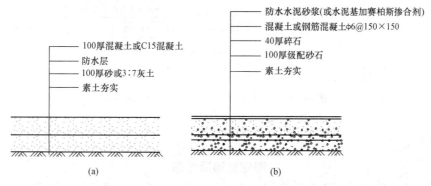

图4-1-4　常见的中小型人工湖湖底构造及做法
（a）中型人工湖湖底做法；（b）小型人工湖湖底做法

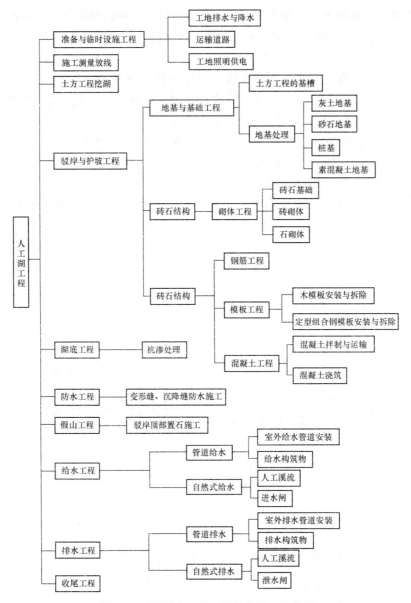

图 4-1-5 园林人工湖工程的分项工程构成

湖底防渗漏处理

由于部分湖的土层渗透性极小，基本不漏水，因此，无须进行特别的湖底处理，适当夯实即可，如北京的龙潭湖、紫竹院等。而在部分基址地下水水位较高的人工湖湖体施工时，则必须特别注意地下水的排放以防止湖底受地下水挤压而被抬高。施工时，一般用 15 cm 厚的碎石层铺设整个湖底，上面再铺 5～7 cm 厚砂子。如果这种方法还无法解决，则必须在湖底开挖环状排水沟，并在排水沟底部铺设带孔PVC管，四周用碎石填塞。

4.1.2.1 池的基本组成

池是静态水体，园林中常以人工池形式出现。

1. 池的特点

一般而言，池的面积比较小，岸线变化丰富，装饰性很强，水比较浅，以观赏为主。

2. 池的形式

池的形式分为自然式水池、规则式水池和混合式水池三种。在设计中可通过铺装、景石、雕塑、配置植物等方法使岸线产生变化，增加观赏性。

规则式水池需要较大的欣赏空间，一般要有一定面积的铺装或大片草坪来陪衬，有时还需雕塑、喷泉共同组景。自然式水池装饰性强，设计时要很好地组合山石、植物及其他要素，使水池融于环境之中，呈现自然美。

3. 池的布置

人工池通常是园林构图中心，一般设置在广场中心、道路尽端、公园的主入口、主要建筑物的前方等显著位置，常与亭、廊、花架、花坛组合形成独特的景观。

水池布置要因地制宜，充分考虑园址现状。大水面水池宜用自然式或混合式，小水面水池宜用规则式。此外，还要注意池岸设计，做到开合有效、聚散得体。有时，因造景需要，在池内可养鱼，种植花草。但是，水生植物不宜过多，而且要根据水生植物的特性配置，池水不宜过深。

4. 池的构造

池主要由池底、池壁、池顶、进水口、溢水口和泄水口等组成，其构造如图 4-1-6 所示。

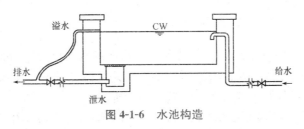

图 4-1-6　水池构造

(1)池底。池底是水池的最底面，起着承受水体压力和防止水体渗漏的作用。

为保证池底不漏水，宜采用防水混凝土；为防止裂缝，应适当配置钢筋。大型水池还应考虑适当设置伸缩缝、沉降缝，这些构造缝应设止水带，用柔性防漏材料填塞。常见水池池底的构造及做法如图 4-1-7、图 4-1-8 所示。

(2)池壁。池壁起围护作用，要求具有防水性能，分内壁和外壁，内壁做法与池底相似，并同池底浇筑为一个整体。水池池壁构造及做法如图 4-1-9 所示。池壁壁面的装饰材料和装饰方式一般与池底相同。

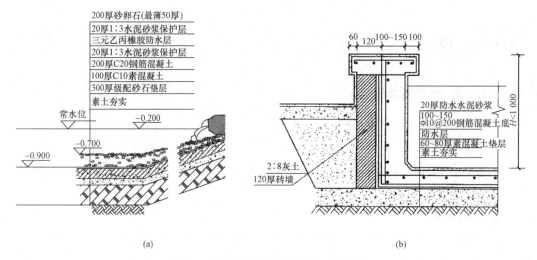

图 4-1-7　常见水池池底构造及做法（一）

（a）三元乙丙橡胶水池结构；（b）钢筋混凝土地下水池

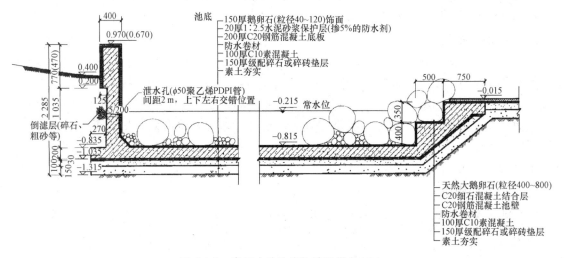

图 4-1-8　常见水池池底构造及做法（二）

（3）池顶。池顶用来强化水池边界线条，使水池结构更稳定。用石材压顶，其挑出的长度受限，与墙体连接性差；用混凝土压顶，其整体性较好。池顶的设计常采用压顶形式，而压顶形式常见的有六种，如图 4-1-10 所示。

（4）进水口。水池的水源一般为人工水源，为了给水池注水或补充给水，应当设置进水口。进水口可设置在隐蔽处。进水口的构造及做法如图 4-1-11（a）所示。

（5）泄水口。为便于清扫、检修和防止停用时水质腐败或结冰，水池应设泄水口。水池应尽量采用重力方式泄水，也可利用水泵的汲水口兼做泄水口，利用水泵泄水［图 4-1-11（b）］。

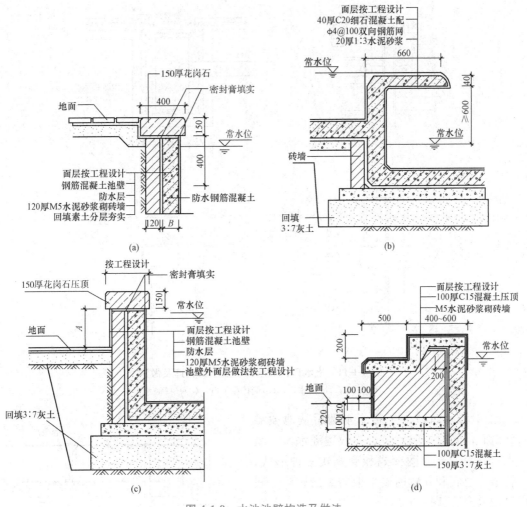

图 4-1-9　水池池壁构造及做法

(a)池壁与地面相平；(b)池壁两侧有水位高差；(c)池壁高于地面；(d)池壁有外向台阶

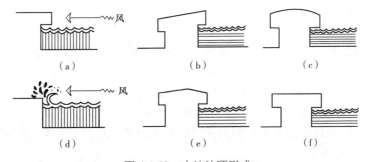

图 4-1-10　水池池顶形式

(a)有沿口；(b)单坡顶；(c)圆弧顶；(d)无沿口；(e)双坡顶；(f)平顶

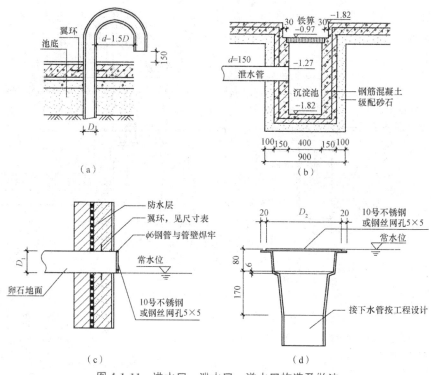

图 4-1-11 进水口、泄水口、溢水口构造及做法

(a)进水口；(b)泄水口；(c)侧控溢水口；(d)平口溢水口

　　(6)溢水口。为了防止水满后从池顶溢到地面，同时控制水位，应设置溢水口。溢水口有直立式、附壁式和套叠式三种形式。管道穿池底和外壁时要采取防漏措施，一般设防水套管(图 4-1-12)。

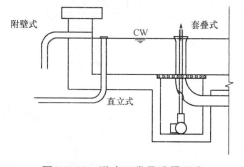

图 4-1-12　溢水口常见设置形式

4.1.2.2　水池设计

　　水池设计包括平面设计、立面设计、剖面设计、管线设计等。

　　(1)水池的平面设计。水池的平面设计显示水池在地面以上的平面位置和尺寸。

　　(2)水池的立面设计。水池的立面设计显示主要朝向立面的高度和变化。水池的深度一般根据水池的景观要求和功能要求而定。水池池壁顶面与周围的环境要有合适的高程关系，一般以最大限度地满足游人的亲水性要求为原则。

　　(3)水池的剖面设计。水池的剖面设计应从地基至池壁顶注明各层的材料和施工要求。水池剖面应有足够的代表性。

　　(4)水池的管线设计。水池中的基本管线包括给水管、补水管、泄水管、溢水管等。有时给水管道与补水管道使用同一根管。

4.1.2.3　水池的施工方法

　　水池的形态种类众多，按其修建材料和防水结构，一般分为刚性结构水池和柔性结构水池。

1. 刚性结构水池施工方法

刚性结构水池施工也称钢筋混凝土水池，池底和池壁均配钢筋，因此，寿命长、防漏性好，适用于大部分水池，如图 4-1-13 所示。

刚性结构水池的施工流程：材料准备→池面开挖→池底施工→浇筑混凝土池壁→混凝土抹灰→试水。

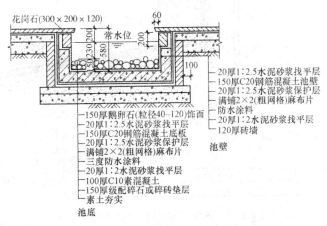

图 4-1-13　钢筋混凝土结构水池

2. 柔性结构水池施工方法

近几年来，随着新建筑材料的出现，水池的结构出现了柔性结构。实际上，水池若是一味靠加厚混凝土和加粗加密钢筋网是无济于事的，这只会导致工程造价的增加，尤其对北方水池的冻害渗漏，不如用柔性不渗水的材料做水池夹层为好。目前，在工程实践中使用的有玻璃布沥青席水池、三元乙丙橡胶(EPDM)薄膜水池、油毛毡防水层(二毡三油)水池等，如图 4-1-14～图 4-1-16 所示。图 4-1-17 所示为水池工程的分项工程构成。

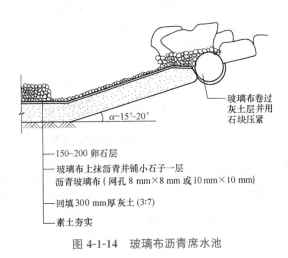

图 4-1-14　玻璃布沥青席水池

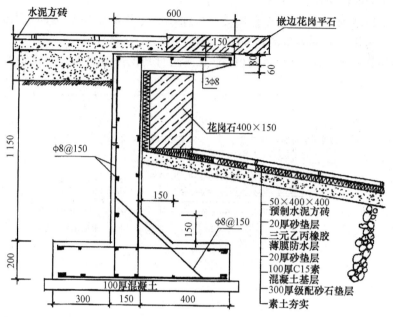

图 4-1-15　三元乙丙橡胶(EPDM)薄膜水池

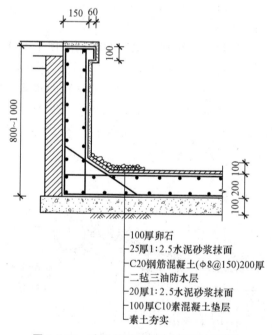

图 4-1-16　油毛毡防水层(二毡三油)水池

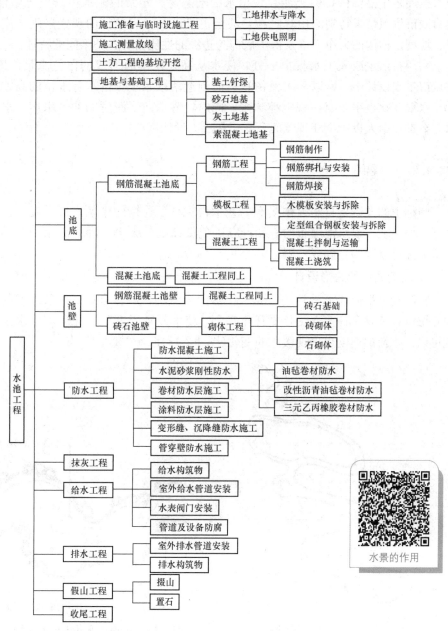

图 4-1-17　水池工程的分项工程构成

水景的作用

4.2

流水和落水工程

除自然形成的河流外，城市中的流水常设计于较平缓的斜坡或与瀑布等水景相连。

流水虽局限于槽沟中，但仍能表现出水的动态美。潺潺的流水声与波光潋滟的水面，也给城市景观带来特别的山林野趣，甚至也可借此形成独特的现代景观。流水依其流量、坡度、槽沟的大小，以及槽沟底部与边缘的性质而有各种不同的特性。

利用自然水或人工水聚集一处，使水从高处跌落而形成的白色水带，即为落水。在城市景观设计中，常以人工模仿自然而创造落水景观。落水有水位的高差变化，线形、水形变化也很丰富，视觉趣味多。同时，落水向下澎湃的冲击水声、水流溅起的水花，都能给人以听觉和视觉的享受，常成为设计焦点。

4.2.1 溪涧

园林中的溪涧是自然界中溪涧的艺术再现，是连续的带状水体。溪涧常设于假山之下、树林之中或水池瀑布的一端；应避免贯穿庭园中央，因为流水为线的运用，宜使水流穿过庭园的一侧或一隅。

1. 溪涧的平面线形设计

在溪涧的平面线形设计中，要求线形曲折流畅，回转自如；两条岸线的组合既要相互协调，又要有许多变化，要有开有合，使水面富于宽窄变化。流水水面的宽窄变化可以使水流的速度也出现缓急的变化(图 4-2-1～图 4-2-4)。

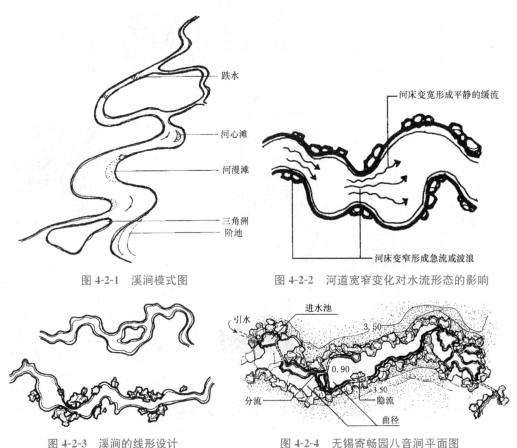

图 4-2-1　溪涧模式图　　　　图 4-2-2　河道宽窄变化对水流形态的影响

图 4-2-3　溪涧的线形设计　　　图 4-2-4　无锡寄畅园八音涧平面图

💡 知识窗

溪涧坡度确定

溪涧上游坡度宜大，下游坡度宜小。在坡度大的地方放圆石块，在坡度小的地方放砾砂。坡度的大小取决于给水的多少，给水多则坡度大，给水少则坡度小。坡度的大小没有限制，可大至垂直，小至0.5%。在平地上，其坡度宜小；在坡地上，其坡度宜大。

2. 溪涧流水道结构

园林中人造溪涧一般采用钢筋混凝土底板，板上加防水层，上面再做保护层处理，图4-2-5所示为常见的溪涧流水道结构。

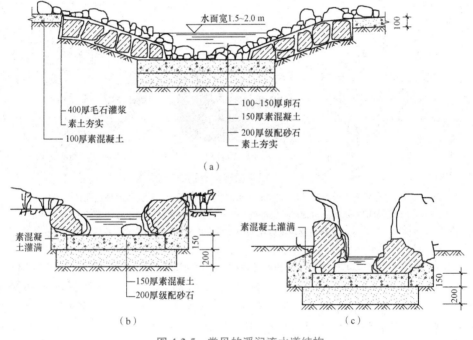

图4-2-5　常见的溪涧流水道结构

(a)卵石护岸小溪的结构；(b)自然山石草块小溪的结构；(c)峡谷溪流的结构

3. 溪涧施工

（1）施工工艺流程。溪涧施工流程：施工准备→溪道放线→流水槽开挖→溪底施工→溪壁施工→溪道装饰→试水。

（2）施工要点。

1）施工准备。主要环节是进行现场勘察，熟悉设计图纸，准备施工材料、施工机具、施工人员，对施工现场进行清理平整，接通水电，搭建必要的临时设施等。

2）溪道放线。依据已确定的流水道设计图纸，用白粉笔、黄沙或绳子等在地面上勾画出流水道的轮廓，同时确定流水水循环的出水口和承水池之间的管线走向。在营造自然式的溪道时，由于宽窄变化多，放线时应加密打桩量，特别是转弯点。各桩要标注清楚相应的设计高程，边坡点要做特殊标记。

3）流水槽开挖。流水槽要按设计要求开挖，最好挖成 U 形坑，因流水多数较浅，表层土壤较肥沃，要注意将表土堆好作为植物种植用土。水槽开挖要求有足够的宽度和深度，以便安装散点石。值得注意的是，一般流水在落入下一段水道之前都应有至少 7 cm 的水深，故开挖流水槽时每一段最前面的深度都要深一些，以确保水流的自然。水槽挖好后，必须将溪底基本夯实，槽壁拍实。如果槽底用混凝土结构，先在溪底铺 10～15 cm 厚碎石层作为垫层。

4）溪底施工。溪底构造可分为以下两种：

①刚性混凝土结构。在碎石垫层上铺上砂子(中砂或细砂)，垫层厚 2.5～5 cm，盖上防水材料（EPDM、油毡卷材等），然后现浇混凝土，厚度为 10～15 cm，其上铺 M7.5 水泥砂浆约 3 cm，然后再铺素水泥砂浆 2 cm，按设计装饰上卵石或其他面材即可(图 4-2-6)。

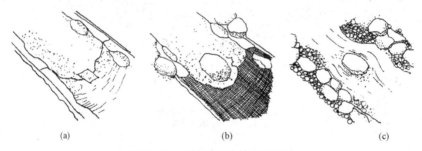

图 4-2-6　刚性溪流水槽施工示意

(a)挖好流水槽，铺设防水衬垫，然后铺一层混凝土，并预留出种植孔；
(b)铺筑钢筋，然后再铺设一层混凝土，并以相同材质的石块进行河道装饰；
(c)进行植物栽植以及河岸的进一步装饰，然后放水

②柔性结构水池。如果流水较小，水较浅，水道的基础土质良好，可直接在夯实的溪道上铺一层 2.5～5 cm 厚的砂子，再将衬砌薄膜盖上。衬砌薄膜纵向的搭接长度不得小于 30 cm，留于水槽岸缘的宽度不得小于 20 cm，并用砖、石等重物压紧。最后用水泥砂浆把石块直接粘在衬砌薄膜上(图 4-2-7)。

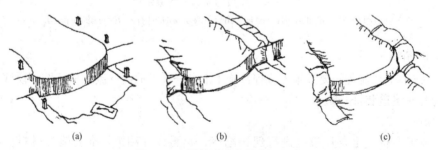

图 4-2-7　柔性溪流水槽施工示意

(a)按设计挖好流水槽，并以阶梯形式形成一定的落差，以细砂铺底；
(b)将柔性衬垫铺于槽内，确保接头处的叠接，不会产生漏水；
(c)柔性衬垫的边缘以沙袋或石块进行固定，然后进行必要的装饰或植物栽植，最后放水

5）溪壁施工。溪壁可用大卵石、砾石、瓷砖、石料等铺砌处理，或仿自然，或体现人工装饰美感。与槽底一样，水槽岸也必须设置防水层，防止流水渗漏。如果自然式溪流环境开朗，溪面宽、水浅，可将溪岸做成草坪护坡，坡度尽量平缓，临水处用卵石封边即可。

6）溪道装饰。为使流水更富自然情趣或变化效果，可通过对溪床进行处理，如放置河石、进行规律性的凸起等，使水面产生轻柔的涟漪或有规则的图案效果。另外，也可按设计要求进行照明装饰、管网的安装；也可在岸边点缀少量景石，水滨配以水生植物，饰以小桥、汀步等小品。

7）试水。试水前应将水道全面清洁并检查管道的安装情况。然后打开水源，注意观察水流及岸壁，如达到设计要求，说明溪道施工合格。图 4-2-8 所示为溪流工程的分项工程构成。

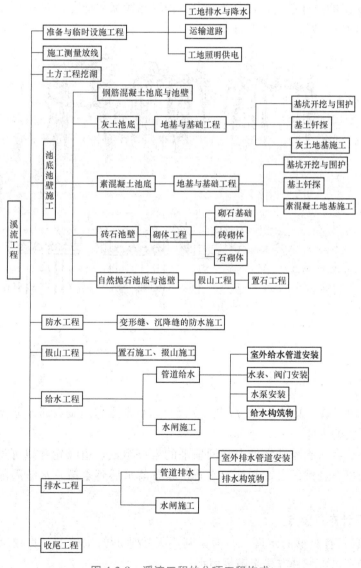

图 4-2-8　溪流工程的分项工程构成

瀑布是动态的水体，是由于河床突然陡降从而形成落水高差，水跌落往下，形成千姿百态、优美动人的壮丽景观。一般落差在 2 m 以上的称为瀑布，在 2 m 以下的称为跌水。

1. 瀑布的形式

瀑布的形式比较多，一般可分为以下几种：

(1)按瀑布的落差与宽度的关系，可分为垂直瀑布和水平瀑布两种。垂直瀑布宽度小于其落差，水平瀑布宽度大于其落差。

(2)按瀑布跌落方式，可分为直瀑、分瀑、跌瀑和滑瀑四种。

(3)按瀑布口的设计形式，可分为布瀑、带瀑和线瀑三种。

瀑布的不同形式如图 4-2-9 所示。

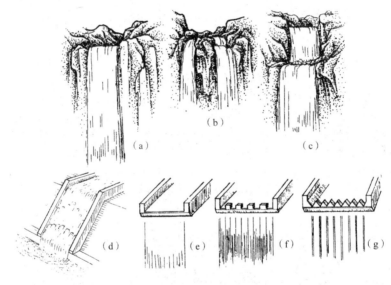

图 4-2-9 不同形式的瀑布
(a)直瀑；(b)分瀑；(c)跌瀑；(d)滑瀑；(e)布瀑；(f)带瀑；(g)线瀑

2. 瀑布的构成

瀑布一般由背景、上游水源、落水口、瀑身、承水潭和溪流六部分组成(图 4-2-10)，其中瀑身是观赏的主体。

瀑布的特点：水流经过之处由坚硬扁平的岩石组成，边缘轮廓线可见；瀑布口多为结构紧密的岩石悬挑而出，又称泻水石；瀑布落水后到水潭，水潭周围有岩石和湿生植物。

3. 瀑布设计布置要点

(1)瀑布必须有足够的水源。一般是利用天然地形的水位差、直接利用城市自来水、用水泵循环供水三种方法来满足用水。

(2)瀑布设计要注意水态景观，要依其环境的特殊情况、空间气氛、观赏距离等选择瀑布的造型。

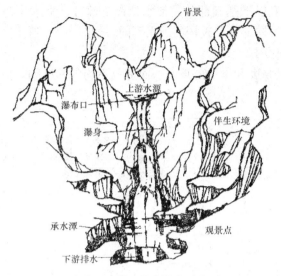

瀑布的营建

图 4-2-10　瀑布组成示意

(3)瀑布落水口是处理的关键，为保证瀑身效果，要求堰口平滑。可采用以下三种方法来保证堰口有较好的出水效果：一是堰唇采用青铜或不锈钢制作；二是增加堰顶蓄水池水深；三是在出水管处加挡水板，降低流速。

(4)从结构上说，凡瀑布流经的岩石缝隙都应封死。

(5)瀑布承水潭宽度至少应是瀑布高的 2/3，以防水花溅出。

(6)瀑布设计主要注意水体的循环。一般采取两种形式：一种是在瀑布落水处设"水盆"取水回到瀑顶进行循环；另一种是在水流末端设立取水点取水，虽然这样所用管线长、费用高，但可以使整个水体循环，具有流水效果。

4.3

驳岸与护坡工程

4.3.1　驳岸工程

水景驳岸是在园林水体边缘与陆地交界处，为稳定岸壁，保护湖岸不被冲刷或水淹所设置的构筑物。园林驳岸也是园景的组成部分。在古典园林中，驳岸往往用自然山石砌筑，与假山、置石、花木相结合，共同组成园景。驳岸必须结合所处环境的艺术风格、地形地貌、地质条件、材料特性、种植特色，以及施工方法、技术经济要求等来选择其结构形式，在实用、经济的前提下注意外形的美观，使其与周围景色相协调。

1. 破坏驳岸的主要因素

驳岸可以分成湖底以下基础部分、常水位以下部分、常水位与最高水位之间的部分和不淹没的部分，不同部分其破坏的因素不同，如图 4-3-1 所示。驳岸湖底以下基础部分的破坏包括以下原因：

（1）由于池底地基强度和岸顶荷载不一而造成不均匀的沉陷，使驳岸出现纵向裂缝甚至局部塌陷。

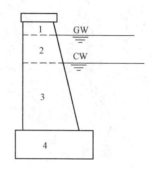

图 4-3-1　破坏驳岸的主要因素

1—最高水位以上部分：浪激、超载、日晒、风蚀；2—常水位至高水位部分：淹没、冲刷、冲蚀；
3—常水位以下部分：浸渗、冲刷、冲蚀；4—地基部分：超荷载、沉陷、基础变形(冻胀)、
桩腐烂、动物破坏、地下水浮托

（2）在寒冷地区水深不大的情况下，可能由于冻胀而引起基础变形。

（3）木桩做的桩基因受腐蚀或水底一些动物的破坏而腐烂。

（4）在地下水水位很高的地区会产生浮托力，影响基础的稳定。

常水位以下的部分常年被水淹没，其主要破坏因素是水浸渗。在我国北方寒冷地区，因水渗入驳岸内再冻胀，易使驳岸胀裂或造成驳岸倾斜、位移。常水位以下的岸壁又是排水管道的出口，如安排不当，也会影响驳岸的稳固。

常水位至最高水位部分经受周期性的淹没。如果水位变化频繁，则对驳岸形成冲刷、腐蚀的破坏。

最高水位以上不淹没的部分主要受浪激、日晒和风化剥蚀。驳岸顶部则可能因超重荷载和地面水的冲刷受到破坏。另外，驳岸下部的破坏也会引起这一部分受到破坏。

2. 驳岸的结构形式

驳岸的类型按结构形式可分为重力式驳岸、后倾式驳岸、板桩式驳岸和混合式驳岸等。园林中使用的驳岸形式主要以重力式结构为主，它主要依靠墙身自重来保证岸壁稳定，抵抗墙背土压力。重力式驳岸按其墙身结构分为整体式、方块式、扶壁式；按其所用材料分为浆砌块石、混凝土及钢筋混凝土结构等。

由于园林中驳岸高度一般不超过 2.5 m，因此，可以根据经验数据来确定各部分的构造尺寸，从而省去烦琐的结构计算。园林驳岸的构造及名称如下：

（1）压顶。驳岸的顶端结构，一般向水面有所悬挑。

（2）墙身。驳岸主体，常用材料为混凝土、毛石、砖等，还有用木板、毛竹板等材

料作为临时性的驳岸材料。

（3）基础。驳岸的底层结构，作为承重部分，厚度常为 400 mm，宽度为高度的60%～80%。

（4）垫层。基础的下层，常用材料如矿渣、碎石、碎砖等整平地坪，以保证基础与土层均匀接触。如图 4-3-2 所示为驳岸的基本构造。

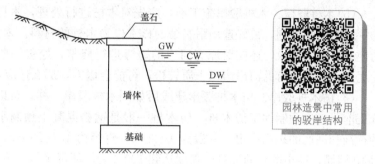

图 4-3-2　驳岸基本构造

3. 驳岸施工

园林工程中驳岸有山石驳岸、虎皮墙驳岸、干砌大块石驳岸、整形条石砌体驳岸、木桩驳岸、仿木桩驳岸、草皮驳岸及景石驳岸等。

（1）山石驳岸。山石驳岸是指采用天然山石，不经人工整形，顺其自然石形砌筑而成的崎岖、曲折、凹凸变化的自然山石驳岸。这种驳岸适用于水石庭院、园林湖池、假山山涧等水体。山石驳岸的地基采用沉褥作为基层。沉褥又称沉排，即用树木干枝编成柴排，在柴排上加载块石，使其下沉到坡岸水下的地表。其特点是当底下的土被冲走而下沉时，沉褥也随之下沉。因此，坡岸下部分可随之得到保护。在水流流速不大、岸坡坡度平缓、硬层较浅的岸坡水下部分使用较合适。而且可利用沉褥具有较大面积的特点，作为平缓岸坡自然式山石驳岸的基底，借以减少山石对基层土壤不均匀荷载和单位面积的压力，同时也可减少不均匀沉陷。

（2）虎皮墙驳岸。采用水泥砂浆按照重力式挡土墙的方式砌筑成的块石驳岸为虎皮墙驳岸。一般用水泥砂浆抹缝，使岸壁壁面形成冰裂纹、松皮纹等装饰性缝纹。这种驳岸适合大多数园林水体使用，是现代园林中运用较广泛的驳岸类型，如北京的紫竹院公园、陶然亭公园多采用这种驳岸类型。

其特点：在驳岸的背水面铺了宽约 50 cm 的级配砂石带。湖底以下的基础用块石浇灌混凝土，使驳岸地基的整体性加强且不易产生不均匀沉陷；基础以上浆砌块石勾缝；水面以上形成虎皮石外观，朴素大方；岸顶用预制混凝土块压顶，向水面挑出 5 cm，使岸顶统一、美观。驳岸并不绝对与水平面垂直，可有 1∶10 的倾斜度。

每间隔 15 cm 设伸缩缝。伸缩缝用涂有防腐剂的木板条嵌入，而上表略低于虎皮石墙面。缝上以水泥砂浆勾缝。虎皮石缝宽度以 2～3 cm 为宜。

（3）干砌大块石驳岸。这种驳岸不用任何胶结材料，只是利用大块石的自然纹缝进行拼接镶嵌。在保证砌叠牢固的前提下，伪造成大小、深浅、形状各异的石缝、石洞、石槽、石孔、石峡等。这种驳岸广泛用于多数园林湖池水体。

（4）整形条石砌体驳岸。利用加工整形成规则形状的石条，可整齐地砌筑成条石砌体驳岸。这种驳岸的特点：规则整齐、工程稳固性好，但造价较高，多用于较大面积的规则式水体；结合湖岸坡地地形或游船码头修建，用整形石条砌筑成梯状的岸坡，这样不仅可适应水位的高低变化，为游人增加游园兴趣，还可利用阶梯作为座凳，吸引他们靠近水边赏景、休息或垂钓。

（5）木桩驳岸。木桩驳岸施工前，应先对木桩进行处理，木桩入土前，还应在入土的一端涂刷防腐剂，最好选用耐腐蚀的杉木作为木桩的材料。木桩驳岸在施工木桩前，为便于木桩的打入，还应对原有河岸的边缘进行修整，挖去一些泥土，修整原有河岸的泥土。如果原有的河岸边缘土质较松，可能会塌方，那么还应进行适当的加固处理。

（6）仿木桩驳岸。仿木桩驳岸建成后如同木桩驳岸一样，可以假乱真。仿木桩驳岸施工前，应先预制加工仿木桩，仿木桩一般是钢筋混凝土预制小圆桩，长度根据河岸的标高和河底的标高决定。一般为 1～2 m，直径为 15～20 cm，一端头成尖状，内配 $5\phi10$ 钢筋，待小圆柱的混凝土强度达到 100% 后，便可施打。成排完成或全部完成后，再用白色水泥掺适量的颜料粉，调配成树皮的颜色，用工具把彩色水泥砂浆，采用粉、刮、批、拉、弹等手法装饰在圆柱体上，使圆柱体仿制成木桩。仿木桩驳岸施工方法类似于木桩驳岸施工方法。

（7）草皮驳岸。为防止河坡塌方，河岸的坡度应在自然安息角以内，也可以把河坡做得较平坦些，对河坡上的泥土进行处理，或铺筑一层易使绿化种植成活的营养土，然后再铺筑草皮。如果河岸较陡，还可以在草皮铺筑时，用竹钉钉在草坡上，使草皮不会下滑。待草皮养护一段时间生长入土中，即完成了草皮驳岸的建设。草皮护坡剖面示意如图 4-3-3 所示。

（8）景石驳岸。景石驳岸是在块石驳岸完成后，在块石驳岸的岸顶面放置景石，使其起到装饰作用。具体施工时应根据现场实际情况及整个水系的迂回曲折点置景石。

景石驳岸对一般呈不同宽度的带状溪涧，应布置成回转曲折于两池湖之间，互为对岸的岸线要有争有让，少量峡谷则对峙相争。水面要有聚散变化，分隔不均匀。

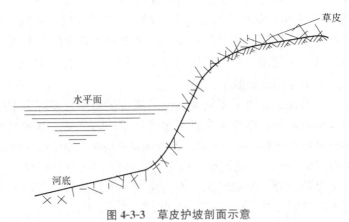

图 4-3-3　草皮护坡剖面示意

景石驳岸的断面要善于变化，应使其具有高低、宽窄、虚实和层次的变化，如高崖据岸、低岸贴水、直岸上限、坡岸陡陀、石矶伸水、虚洞含礁、礁石露水等，如图 4-3-4 所示。

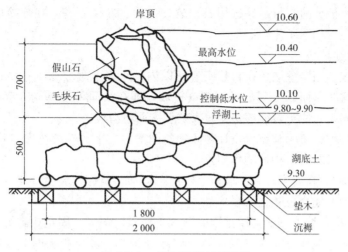

图 4-3-4　景石驳岸剖面示意

💡 **知识窗**

驳岸施工工序

（1）放线。根据常水位线，确定驳岸平面位置，并在基础尺寸两侧各加宽 20 cm 放线。

（2）挖槽。可采用机械或人工开挖至规定位置线，宁大勿小。为保证施工安全，对需放坡的地段应根据规划进行放坡。

（3）夯实基础。将地基浮土夯实，用蛙式夯实机夯 3 遍以上。

（4）浇筑基础。一般用块石混凝土，浇筑时应将块石分隔，不得互相靠紧，也不得置于边缘。

（5）砌筑岸墙。要求岸墙墙面平整，砂浆饱满美观。隔 25～30 m 做一条伸缩缝，宽 3 cm 左右；每 2～4 m 岸沿口下 1～2 m 处预留池水孔一个。

（6）砌筑压顶石。可用大块整形石或预制混凝土板块压顶。顶石向水中挑出 5～6 cm、高出水位 50 cm 为宜。

4.3.2　护坡工程

护坡是保护坡面，防止雨水径流冲刷及风浪拍击对岸坡破坏的一种水工措施。土壤斜坡在 45°内时可用护坡。护坡可防止滑坡，减少地面水和风浪冲刷，保证岸坡稳定。自然的缓坡能产生自然亲水的效果。

1. 护坡的类型

护坡的主要类型有块石护坡、园林绿地护坡、石钉护坡、预制框格护坡、截水沟护坡和编柳抛石护坡等。

（1）块石护坡。在岸坡较陡、风浪较大的情况下，或因为造景的需要，在园林中常使用块石护坡。护坡的石料最好选用石灰岩、砂岩、花岗石等。在寒冷的地区还要考虑石块的抗冻性，如图 4-3-5 所示。

（2）园林绿地护坡。

1）草皮护坡。当岸壁坡角在自然安息角以内，水面上缓坡在 1∶20～1∶5 起伏变化是很美的。这时水面以上部分可用草皮护坡，即在坡面种植草皮或草丛，利用密布土中的草根来固土，使土坡能够保持较大的坡度而不滑坡。

2）花坛式护坡。将园林坡地设计为倾斜的图案、文字类模纹花坛或其他花坛形式，既美化了坡地，又起到了护坡的作用。

（3）石钉护坡。在坡度较大的坡地上，用石钉均匀地钉入坡面，使坡面土壤的密实度增大，抗坍塌的能力也随之增强。

（4）预制框格护坡。一般是用预制的混凝土框格，覆盖、固定在陡坡坡面，从而固定、保护了坡面；坡面上仍可种草种树。当坡面很高、坡度很大时，采用这种护坡方式的优点比较明显。所以，这种护坡适用于较高的道路边坡、水坝边坡、河堤边坡等陡坡。

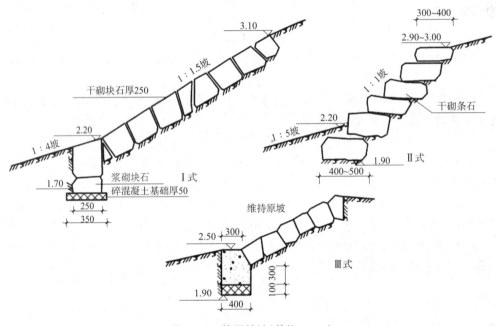

图 4-3-5　块石护坡（单位：mm）

（5）截水沟护坡。为了防止地表径流直接冲刷坡面，在坡的上端设置一条小水沟，以阻截、汇集地表水，从而保护坡面。

（6）编柳抛石护坡。采用新截取的柳条十字交叉编织。编柳空格内抛填厚度为 0.2～0.4 m 的块石，为利于排水和减少土壤流失，块石下设厚度为 10～20 cm 的砾石层。柳格平面尺寸为 1 m×1 m 或 0.3 m×0.3 m，厚度为 30～50 cm。柳条发芽便成为较坚固的护坡设施。

驳岸与护坡的区别

驳岸与护坡的区别见表 4-3-1。

表 4-3-1　驳岸与护坡的区别

	驳岸	护坡
定义	一面临水的挡土墙，是支持和防止坍塌的水工构筑物。多用岸壁直墙，有明显的墙身，岸壁坡度大于 45°	保护坡面、防止雨水径流冲刷及风浪拍击对岸坡破坏的一种水工措施，在土壤斜坡 45°内可用护坡
作用	维系陆地与水面的界限，使其保持一定的比例关系；能保持水体岸坡不受冲刷；可强化岸线的景观层次	防止滑坡，减少地面水和风浪的冲刷；保证岸坡稳定；自然的缓坡能产生自然亲水的效果
形式	(1)重力式驳岸； (2)后倾式驳岸； (3)板桩式驳岸； (4)混合式驳岸	(1)草皮护坡； (2)灌木护坡； (3)铺石护坡
施工方法	(1)施工前调查，了解岸线地质及有关情况，放线； (2)挖槽：人工或机械； (3)夯实基础； (4)浇筑基础； (5)砌筑岸墙：墙面平整，砂浆饱满，25～30 m 做伸缩缝； (6)砌筑压顶：顶面向水中挑出 5～6 cm，顶面高出水位 50 cm	(1)开槽； (2)铺倒滤层、砌坡脚石； (3)铺砌块石、补缝勾缝

2. 护坡施工

护坡在园林工程中得到广泛应用，原因在于水体的自然缓坡能产生自然亲水的效果。护坡方法的选择应依据坡岸用途、构景透视效果、水岸地质状况和水流冲刷程度而定。护坡施工有铺石护坡、草皮护坡和灌木护坡三种。

(1)铺石护坡。当坡岸较陡，风浪较大或因造景需要时，可采用铺石护坡，如图 4-3-6 所示。由于铺石护坡施工容易，抗冲刷力强，经久耐用，护岸效果好，还能因地造景，灵活随意，因此，其是园林常见的护坡形式。

护坡石料要求吸水率低、密度大和抗冻性强，如石灰岩、砂岩、花岗石等岩石，以块径为 18～25 cm、长宽比为 1∶2 的长方形石料最佳。

铺石护坡的坡面应根据水位和土壤状况确定，一般常水位以下部分坡面的坡度小于 1∶4，常水位以上部分采用 1∶1.5～1∶5。

施工时首先把坡岸平整好，并在最下部挖一条梯形沟槽，槽沟宽为 40～50 cm，深为 50～60 cm。铺石前先将垫层铺好，垫层的卵石或碎石要求大小一致，厚度均匀，铺石时由下至上铺设。为增加护坡稳定性，下部要选用大块的石料。铺设时将石块摆成丁字形，与岸坡平行，一行一行往上铺，石块与石块之间要紧密相贴，如有凸出的棱角，应用铁锤将其敲掉。铺后应检查质量，即当人在铺石上行走时铺石是否移动，如果不移动，则施工质量符合要求。下一步就是用碎石嵌补铺石缝隙，再将铺石夯实即可。

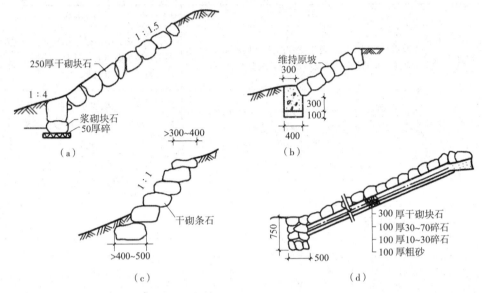

图 4-3-6　铺石护坡

（2）草皮护坡。草皮护坡适于坡度为 1∶5～1∶20 的湖岸缓坡。护坡草种要具备耐水湿，根系发达，生长快，生存力强等特点，如假俭草、狗牙根等。草皮护坡做法（图 4-3-7）按坡面具体条件而定，若原坡面有杂草生长，可直接利用杂草护坡，但要求美观。也有直接在坡面上播草种，加盖塑料薄膜，先在正方砖、六角砖上种草，然后用竹签将四角固定作护坡。最为常见的是块状或带状种草护坡，铺草时沿坡面自下而上成网状铺草，用木方条分隔固定，稍加压踩。可在草地散置山石，配以花灌木以增加景观层次，丰富地貌，加强透视感。

（3）灌木护坡。灌木护坡适于大水面平缓的坡岸。灌木有韧性，根系盘结，不怕水淹，能削弱风浪冲击力，减少地表冲刷，因而保护坡岸的效果较好。护坡灌木要具备速生、根系发达、耐水湿、株矮常绿等特点，可选择沼生植物护坡。若因景观需要，强化天际线变化，可适量植草和种乔木，以达到既保护坡岸又增添景观的效果，如图 4-3-8 所示。

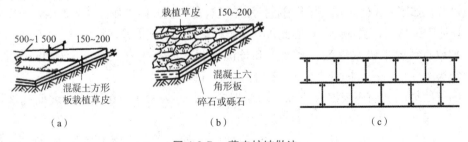

图 4-3-7　草皮护坡做法

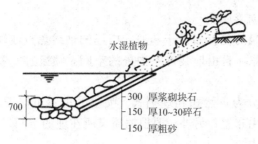

水湿植物

300 厚浆砌块石
150 厚10~30碎石
150 厚粗砂

700

图 4-3-8   灌木护坡(单位: mm)

4.4

喷泉工程

喷泉是利用压力使水从孔中喷向空中,再自由落下的一种优美的造园水景工程,它以壮观的水姿、奔放的水流、多变的水形,深得人们喜爱。喷泉和其他水景工程一样,并不是人类的创造发明,而是对自然景观的艺术再现。天然喷泉广泛存在于自然界之中,自然界中的喷泉是因为地下水压向地面而喷射出来的。

4.4.1   喷泉的作用

喷泉是理水的手法之一,常用于城市广场、公共建筑的前方、室内大厅等地方。它可以振奋精神,陶冶情操,丰富城市的面貌,成为城市的主要景观。

喷泉是一种独立的艺术品,而且能够增加空间的空气湿度,减少尘埃,增加空气中负氧离子的浓度,因而也有益于改善环境,增强人们的身心健康。

4.4.2   喷泉的分类与布置

1. 喷泉的分类

喷泉大体上可分为以下几类:

(1)普通装饰型喷泉。由各种花形图案组成固定的喷水形。

(2)与雕塑结合的喷泉。喷泉的喷水形与雕塑等共同组成景观。

(3)水雕塑。用人工或机械塑造出各种大型水柱的姿态。

(4)自控喷泉。利用各种电子技术,按设计程序来控制水、光、音、色,形成变幻的、奇异的景观。

2. 喷泉的布置

在选择喷泉位置,布置喷水池周围的环境时,首先要考虑喷泉的主题、形式,应与环境协调,将喷泉与环境统一考虑,用环境渲染和烘托喷泉,以达到装饰环境,或借助喷泉的艺术联想创造意境。

一般情况下，喷泉的位置多设于建筑、广场的轴线焦点或端点处，也可根据喷泉特点，做一些喷泉小景，自由地装饰室内外的空间。喷泉宜安置在避风的环境中以保持水形。

喷水池的形式可分为自然式和规则式。喷水的位置可居于水池中心，组成图案，也可以偏于一侧或自由布置；另外，要根据喷泉所在地的空间尺度来确定喷水的形式、规模及喷水池的比例大小。

3. 环境条件与喷泉规划

环境条件与喷泉规划的关系见表4-4-1。

表 4-4-1　环境条件与喷泉规划的关系

环境条件	适宜的喷泉规划
开阔的场地，如车站前、公园入口、街道中心	水池多选用整体形式，水池要大，喷水要高，照明不要太华丽
狭窄的场地，如街道转角、建筑物前	水池多为长方形或其变形
现代建筑，如旅馆、饭店、展览会会场等	水池多为圆形、长方形等，水量要大，水感要强烈，照明要华丽
中国传统式园林	水池形状多为自然式，可做成跌水、滚水、涌泉等，以表现天然水态为主
热闹的场所，如旅游宾馆、游乐中心	喷水水姿要富于变化，色彩华丽，如使用各种音乐喷泉等
寂静的场所，如公园的一些小局部	喷泉的形式自由，可与雕塑等各种装饰性小品结合，一般变化不宜过多，色彩也较朴素

大型喷泉的合适视距为喷水高的3.3倍，小型喷泉的合适视距为喷水高的3倍；水平视域的合适视距为景宽的1.2倍。另外，也可采用缩短视距的方法，造成仰视的效果，强化喷水给人以高耸的感觉。

4.4.3　喷泉设计基础

1. 常见的喷头类型

喷头是喷泉的一个重要组成部分。它的作用是把具有一定压力的水，经过不同造型的喷头，形成各种预想的、绚丽的水花，喷射在水面的上空。喷头一般耐磨性好，不易锈蚀，由一定强度的黄铜或青铜制成。

目前，常见的喷头类型有以下几种(图4-4-1)：

(1)单射流喷头。单射流压力水喷出的是最基本的形式，也是喷泉中应用最广的一种形式。

(2)喷雾喷头。喷雾喷头的内部装有一个螺旋状导流板，使水进行圆周运动，水喷出后，形成细细的水流弥漫的雾状水滴。

（3）环形喷头。环形喷头出水口呈环状断面，水沿孔壁喷出，形成外实内空的环形水柱，气势粗犷、雄伟，给人一种向上激进的感受。

（4）球形蒲公英喷头。球形蒲公英喷头是在圆球形壳体上，装有很多同心放射状喷管，并在每个管头上安装一个半球形变形喷头。它能喷出像蒲公英一样美丽的球形或半球形水花。它可以单独使用，也可以几个喷头高低错落地布置，显得格外新颖。

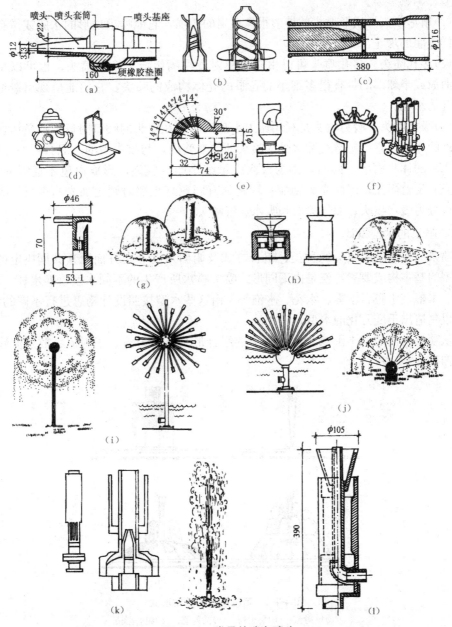

图 4-4-1　常见的喷泉喷头

(a)单射流喷头；(b)喷雾喷头；(c)环形喷头；(d)旋转喷头；(e)扇形喷头；(f)多孔喷头；
(g)半球形喷头；(h)牵牛花形喷头；(i)球形蒲公英喷头；(j)半球形蒲公英喷头；(k)吸力喷头；(l)组合式喷头

(5)变形喷头。变形喷头的类型很多，它们的共同特点是在出水口的前面，有一个可以调节的、形状各异的反射器，使射流通过反射器后起到使水花造型的作用，从而形成各式各样的、均匀的水膜，如牵牛花形、半球形、扶桑花形等。

(6)旋转喷头。旋转喷头利用压力水由喷头喷出时的反作用力或用其他动力带动回转器转动，使喷头不断地旋转运动。喷出的水花或欢快旋转或飘逸荡漾，形成各种弯曲线型，婀娜多姿。

(7)扇形喷头。扇形喷头的外形很像扁扁的鸭嘴，它能喷出扇形的水膜或像孔雀开屏一样美丽的水花。

(8)多孔喷头。多孔喷头可以由多个单射流喷嘴组成一个大喷头；也可以是由平面、曲面或半球形的带有很多细小的孔眼的壳体构成的喷头。它们能呈现出造型各异的盛开的水花。

(9)吸力喷头。吸力喷头是利用压力水喷出时，在喷头的喷口附近形成负压区，由于压差的作用，它能把空气和水吸入喷头外的套筒内，与喷头内的水混合后一并喷出。这时水柱的体积膨大。同时，因为混入大量细小的空气泡，形成白色不透明的水柱。它能充分反射阳光，因此光彩艳丽；夜晚如有彩色灯光照射则更加光彩夺目。吸力喷头又可分为吸水喷头、加气喷头和吸水加气喷头。

2. 喷泉的水型设计

喷泉的水型是由喷头的种类、组合方式及俯仰角度等几方面因素共同决定的。喷泉水型的基本构成要素，就是由不同形式喷头喷水所产生的不同水型，即水柱、水带、水线、水幕、水膜、水雾、水花、水泡等。由这些水型按照设计构思进行不同的组合，就可以制造出千变万化的水型。

从喷泉射流的基本形式来分，水形的组合形式有单射流、集射流、散射流和组合射流四种(图 4-4-2)。

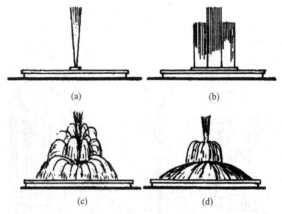

图 4-4-2　喷泉射流的基本形式
(a)单射流；(b)集射流；(c)散射流；(d)组合射流

随着喷头设计的改进、喷泉机械的创新，以及喷泉与电子设备、声光设备等的结合，喷泉的自由化、智能化和声光化都将有更大的发展。

表 4-4-2 中所列多种图形，是喷泉水型的基本设计样式。

表 4-4-2　喷泉的水姿形式

名称	喷泉水型	备注	名称	喷泉水型	备注
单射形		单独布置	水幕形		在直线上布置
拱顶形		在圆周上布置	向心形		在圆周上布置
圆柱形		在圆周上布置	外编织形		布置在圆周上向外编织
内编织形		布置在圆周上向内编织	篱笆形		在直线或圆周上编成篱笆
屋顶形		布置在直线上	旋转形		单独布置
圆弧形		布置在曲线上	吸力形		自由布置
喷雾形		单独布置	洒水形		在曲线上布置
扇形		单独布置	孔雀形		单独布置
半球形		单独布置	牵牛花形		单独布置
多层花形		单独布置	蒲公英形		单独布置

3. 喷泉供水方式

喷泉的水源应为无色、无味、无有害杂质的清洁水。因此，喷泉除用城市自来水作为水源外，其他如冷却设备和空调系统的废水也可作为喷泉的水源。

喷泉供水的方式，简单来说有以下几种(图4-4-3)：

(1)直接用自来水供水，使用过的水排入城市雨水管网。供水系统简单，占地小，造价低，管理简单；但给水不能重复使用，耗水量大，运行费用高，如水压不稳时，会影响喷泉的水型。

一般此种供水方式主要用于小型喷泉，或孔流、涌泉、水膜、瀑布、壁流等，或与假山石结合，适用于小庭院、室内大厅和临时场所。

(2)为保证喷水具有稳定的高度和射程，给水需经过特设的水泵房加压。喷出的水仍排入城市雨水管网。

(3)为了节约用水，有足够的水压和用水，大型喷泉可用循环供水的方式。循环供水的方式有用离心泵和用潜水泵两种，前者将水泵房置于地面上较隐蔽处，以不影响绿化效果为宜；后者将潜水泵直接放在喷水池中或水体内低处。

(4)在有条件的地方，可利用高位的天然水源供水，用毕排除。为了喷水池的卫生，要在池中设过滤器和消毒设备，以清除水中的污物、藻类等，喷水池的水应及时更换。

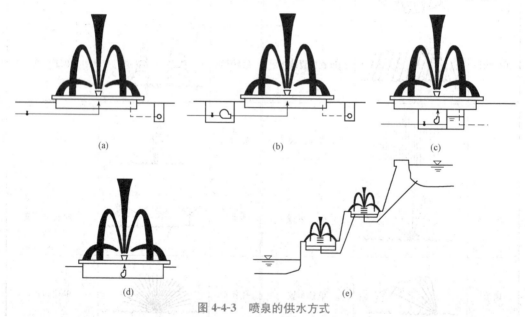

图4-4-3　喷泉的供水方式

(a)小型喷泉供水；(b)小型喷泉加压供水；(c)泵房循环供水；(d)潜水泵循环供水；(e)利用高位蓄水池供水

4. 喷泉管道布置的基本要求

在喷泉设计中，当喷水池形式、喷头位置确定后，就要考虑管网的布置。喷泉管网主要由吸水管、供水管、补给水管、溢水管、泄水管及供电线路等组成(图4-4-4～图4-4-6)。以下是管网布置时应注意的几个问题：

(1)喷泉管道要根据实际情况布置。装饰性小型喷泉，其管道可直接埋入土中，或用山石、矮灌木遮盖。大型喷泉分为主管和次管，主管要敷设在可行人的地沟中，为了便于维修应设检查井；次管直接置于水池内，次管布置应排列有序，整齐美观。

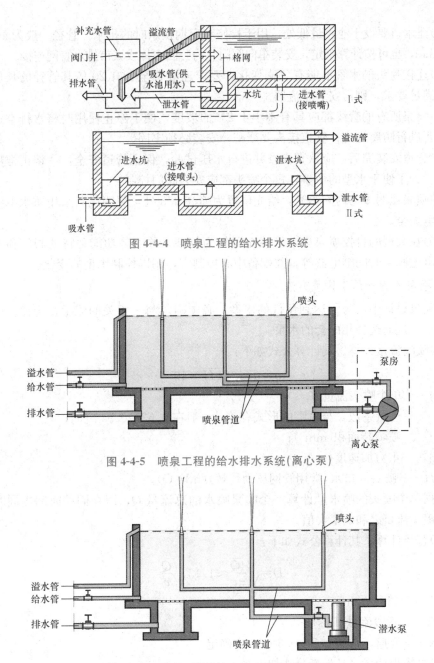

图 4-4-4　喷泉工程的给水排水系统

图 4-4-5　喷泉工程的给水排水系统(离心泵)

图 4-4-6　喷泉工程的给水排水系统(潜水泵)

（2）环形管道最好采用十字形供水，组合式配水管宜用分水箱供水，其目的是获得稳定、等高的喷流。

（3）为了保持喷水池的正常水位，水池要设溢水口。溢水口面积应是进水口面积的两倍，要在其外侧配备拦污栅，但不得安装阀门。溢水管要有3％的顺坡，直接与泄水管连接。

（4）补给水管的作用是启动前注水及弥补池水蒸发和喷射的损耗，以保证水池正常水位。补给水管与城市供水管相连，并安装阀门控制。

(5)泄水口要设于池底最低处，用于检修和定期换水时的排水。管径一般为 100 mm 或 150 mm，也可按计算确定，安装单向阀门，与公园水体或城市排水管网连接。

(6)连接喷头的水管不能有急剧变化，要求连接管至少有 20 倍其管径的长度。如果不能满足要求，则需安装整流器。

(7)喷泉所有的管线都应具有不小于 2%的坡度，便于停止使用时将水排空；所有管道均要进行防腐处理；管道接头要严密，安装必须牢固。

(8)管道安装完后，应认真检查并进行水压试验，保证管道安全，一切正常后再安装喷头。为了便于水型的调整，每个喷头都应安装阀门控制。

(9)喷泉照明多为内侧给光，给光位置为喷高 2/3 处，照明线路采用防水电缆，以保证供电安全。

(10)在大型的自控喷泉中，管线布置极为复杂，并安装功能独特的阀门和电气元件，如电磁阀、时间继电器等，并配备中心控制室，用以控制水型的变化。

5. 喷泉水力计算步骤及方法

在喷泉设计中，为了达到预订的水型，必须确定与之相关的流量、管径、扬程等水力因子，进而选择相配套的水泵。

(1)喷嘴流量计算。其计算公式如下：

$$q = \mu f \sqrt{2gH} \times 10^{-3} \tag{4-1}$$

式中　q——单个喷头流量(L/s)；

　　　μ——流量系数，与喷嘴的形式有关，一般在 0.62～0.94 之间；

　　　f——喷嘴断面积(mm²)；

　　　g——重力加速度(m/s²)；

　　　H——喷头入口水(常用管网压力代替)(mH₂O)。

根据单个喷头的喷水量计算一个喷泉喷水的总流量 Q，即在同一时间内同时工作的各个喷头流量之和的最大值。

(2)管径计算。其计算公式如下：

$$D = \sqrt{\frac{4Q}{\pi v}} \approx 1.13 \sqrt{\frac{Q}{v}}$$

式中　D——管径(mm)；

　　　Q——管段流量(L/s)；

　　　v——流速，常用 0.5～0.6 m/s 来确定。

(3)总扬程计算。其计算公式如下：

$$总扬程＝实际扬程＋水头损失$$
$$实际扬程＝工作压力＋吸水高度$$

工作压力(压水高度)是水泵中线至喷水最高点的垂直高度；吸水高度是指水泵所能吸水的高度，也称允许吸上真空高度(泵牌上有注明)，是水泵的主要技术参数。

水头损失是实际扬程与损失系数的乘积，由于水头损失计算较为复杂，实际中可粗略取实际扬程的 10%～30%。

图 4-4-7 所示为某喷泉工程施工平、立、剖面图；图 4-4-8 所示为某喷泉工程施工大样图。

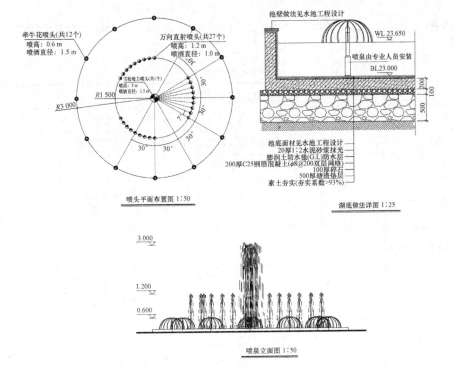

图 4-4-7　某喷泉工程施工平面、立面、剖面图

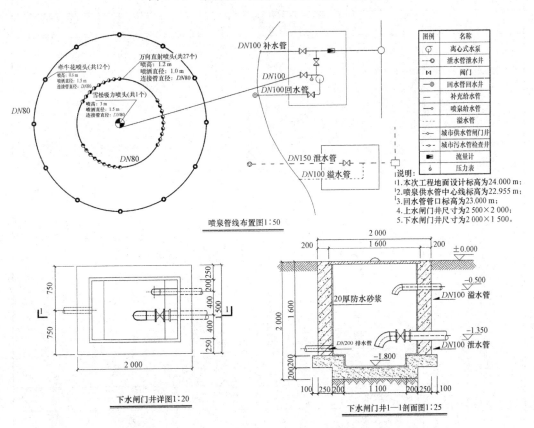

图 4-4-8　某喷泉工程施工大样图

任务实施

任务实施计划书

学习领域	园林工程施工		
学习情境 4	园林水景工程	学时	
计划方式	小组讨论、成员之间团结合作，共同制订计划		
序号	实施步骤		使用资源
制订计划说明			
计划评价	班级		第　　组	组长签字	
	教师签字		日期	

任务实施决策单

学习领域	园林工程施工						
学习情境4	园林水景工程				学时		
方案讨论							
方案对比	组号	任务耗时	任务耗材	实现功能	实施难度	安全可靠性	环保性	综合评价
	1							
	2							
	3							
	4							
	5							
	6							
方案评价	评语:						
班级		组长签字		教师签字		日期	

任务实施材料及工具清单

学习领域	园林工程施工						
学习情境4	园林水景工程				学时		
项目	序号	名称	作用	数量	型号	使用前	使用后
所用仪器仪表	1						
	2						
所用材料	1						
	2						
	3						
	4						
所用工具	1						
	2						
	3						
	4						
	5						
	6						
班级		第　组	组长签字		教师签字		

任务实施作业单

学习领域	园林工程施工		
学习情境 4	园林水景工程	学时	
实施方式	学生独立完成、教师指导		
序号	实施步骤		使用资源
1			
2			
3			
4			
5			
6			
实施说明：			
班级		第 组	组长签字	
教师签字		日期	

任务实施作业单

学习领域	园林工程施工		
学习情境 4	园林水景工程	学时	
作业方式	资料查询、现场操作		
序号	实施步骤		使用资源
1			
作业解答：			
2			
作业解答：			
3			
作业解答：			
4			
作业解答：			
5			
作业解答：			
作业评价	班级		第 组	
	学号		姓名	
	教师签字		教学评分		日期	
	评语：			

任务实施检查单

学习领域	园林工程施工			
学习情境 4	园林水景工程		学时	
序号	检查项目	检查标准	学生自检	教师检查
1				
2				
3				
4				
5				
6				
7				
8				
9				
10				
11				
12				
13				

	班级		第　　组	组长签字	
	教师签字			日期	
检查评价	评语:				

学习评价单

学习领域		园林工程施工			
学习情境 4		园林水景工程		学时	
评价类别	项目	子项目	个人评价	组内互评	教师评价
专业能力（60%）	资讯（10%）	收集信息（5%）			
		引导问题回答（5%）			
	计划（10%）	计划可执行度（5%）			
		设备材料工、量具安排（5%）			
	实施（15%）	工作步骤执行（5%）			
		功能实现（3%）			
		质量管理（3%）			
		安全保护（2%）			
		环境保护（2%）			
	检查（5%）	全面性、准确性（3%）			
		异常情况排除（2%）			
	过程（10%）	使用工、量具规范性（5%）			
		操作过程规范性（5%）			
	结果（10%）	结果质量（10%）			
社会能力（20%）	团结协作（10%）	小组成员合作良好（5%）			
		对小组的贡献（5%）			
	敬业精神（10%）	学习纪律性（5%）			
		爱岗敬业、吃苦耐劳精神（5%）			
方法能力（20%）	计划能力（10%）	考虑全面（5%）			
		细致有序（5%）			
	实施能力（10%）	方法正确（5%）			
		选择合理（5%）			
评价评语	班级		姓名		学号		总评	
	教师签字		第 组	组长签字		日期	
	评语：					

学习领域	园林工程施工			
学习情境 4	园林水景工程		学时	
	序号	调查内容	是	否	理由陈述
	1				
	2				
	3				
	4				
	5				
	6				
	7				
	8				
	9				
	10				
	11				
	12				
	13				
	14				
你的意见对改进教学非常重要，请写出你的建议和意见：				
调查信息	被调查人签名		调查时间	

※ 学习小结

　　水是园林空间艺术创作的一个重要园林要素，由于水具有流动性和可塑性，因此，园林中对水的设计实际上是对盛水容器的设计。水池、溪润、河湖、瀑布、喷泉等都是园林中常见的水景设计形式，它们静中有动，寂中有声的渲染着园林气氛。本学习情境主要介绍静水工程、流水和落水工程、驳岸与护岸工程、喷泉工程。

※ 学习检测

一、简答题

(1)简述人工湖的主要施工流程。

(2)简述水池设计和施工方法。

(3)简述溪润施工工艺流程和施工要点。

(4)简述瀑布设计布置要点。

(5)破坏驳岸的主要因素有哪些?

(6)什么是护坡?护坡的类型有哪些?护坡施工有哪几种?

(7)简述喷泉的分类及布置。

二、实训题

(1)自然式水体设计与施工方案的制定。假设校园中一处小游园位于办公楼和实验楼之间,需要在游园中设计出一个自然式水池,要求绘制出小游园的总平面图、小游园的地形图、水池的底部和驳岸的结构图。并根据结构图制定出可行的水池的施工方案。

(2)喷泉设计。某商业广场位于市中心的十字路口的东北角,在此广场上游人较多,拟在此处设计并建造一喷泉。要求此喷泉具有丰富的立面形态,能够吸引游客驻足观赏。设计图纸内容包括:

1)喷泉的水池平面图、立面图。

2)喷泉和水池的管线布置平面图、水池池底和池壁结构图。

3)阀门井、泵坑、泄水池的构造图。

4)学生能够自行设计,并能编制喷泉的施工组织设计方案。

学习情境5 园路工程

学习任务清单

学习领域	园林工程施工		
学习情境5	园路工程	学时	
布置任务			
学习目标	1. 掌握园路的分类和作用。 2. 掌握园路的施工工艺及其方法。		
能力目标	1. 能进行园路的线型设计。 2. 能进行园路的铺装设计。 3. 能进行园路的结构设计。 4. 能进行园路施工。		
素养目标	积极参与实践工作，独立制订学习计划，并按计划实施学习和撰写学习体会。聆听指令，倾听他人讲话，倾听不同的观点。具有吃苦耐劳、爱岗敬业的职业精神。		
任务描述	依据所学园路设计的设计要点、铺装形式及结构做法，完成某广场道路和铺装广场设计与施工，并编制施工方案。具体任务要求如下： 1. 园林道路平曲线设计。依据园路平曲线设计要点，完成园路的线型设计。 2. 园林道路竖曲线设计。依据园路竖曲线设计要点，完成园路的纵横断面设计。 3. 园路铺装设计。依据园路铺装设计要点，完成每种铺装样式的平面大样图和结构断面图，标注材料名称、规格、厚度等参数。 4. 园路施工。能参照园林工程施工技术规范，根据施工项目及现场环境情况编制园路工程施工方案，并进行园路工程施工。		
对学生的要求	1. 掌握园路的线型设计和园路的装饰设计。 2. 能进行园路的结构设计。 3. 掌握园路的施工工艺流程及其施工技术要点。 4. 能指挥园林机械和现场施工人员进行园路施工，并能规范操作，安全施工。 5. 必须认真填写施工日志，园路工程施工步骤要完整。 6. 上课时必须穿工作服，并戴安全帽，不得穿拖鞋。 7. 严格遵守课堂纪律和工作纪律、不迟到、不早退、不旷课。 8. 应树立职业意识，并按照企业的"6S"(整理、整顿、清扫、清洁、素养、安全)质量管理体系要求自己。 9. 本情境工作任务完成后，须提交学习体会报告，要求另附。		

学习领域	园林工程施工		
学习情境5	园路工程	学时	
资讯方式	在资料角、图书馆、专业杂志、互联网及信息单上查询问题；咨询任课教师。		
资讯问题	1. 园路在园林中有什么作用？		
	2. 园路有哪些类型？		
	3. 园路在线型设计上有什么要求？		
	4. 园路铺装设计有什么要求？园路铺装有哪些类型？		
	5. 园路结构设计应注意哪些问题？		
	6. 简述园路施工的步骤。		
	7. 分析园路常见病害及其原因。		

5.1

园路概述

5.1.1 园路的概念及特点

1. 园路的概念

从狭义上讲，园路是城市道路的延续，指绿地中的道路、广场各种铺装地坪，是贯穿全园的交通网络，是联系各景区、景点的纽带，是园林的骨架。

从广义上来讲，园路还包括广场铺装场地、步石、汀步、桥、台阶、坡道、礓磋、蹬道、栈台、嵌草铺装等。

2. 园路的特点

园路在园林设计中有以下特点：

(1)结构简单、薄面强基、用材多样、低材高用。

(2)路面变化大，注重景观效果，艺术性高。园路不同于市政道路，园路在线条设计、结构设计及铺装设计上都比市政道路讲究。

(3)利于排水、清扫，不起灰尘。

5.1.2 园路的分类

园路有不同的分类方法，最常见的有根据功能分类、结构分类、铺装材料分类及路面排水性能分类等四类，见表 5-1-1。

表 5-1-1　园路的分类

分类方法	园路类型	功能及特点
根据功能分类	主干道	主干道是园林绿地道路系统的骨干。它与园林绿地主要出入口、各功能分区及主要建筑物、重点广场和风景点相联系，是游览的主线路，也是各分区的分界线，形成整个绿地道路的骨架，多呈环形布置。它不仅可供行人通行，也可在必要时供车辆通过。其宽度视公园性质和游人量而定，一般为 3.5～6.0 m
	次干道	次干道是指由主干道分出，直接联系各区及风景点的道路。一般宽度为 2.0～3.5 m
	游步道	游步道是指由次干道上分出，引导游人深入景点、寻胜探幽，能够伸入并融入绿地及幽景的道路。一般宽度为 1.0～2.0 m，有些游览小路宽度甚至会小于 1.0 m，具体因地、因景、因人流多少而定

分类方法	园路类型	功能及特点
根据结构类型分类	路堑型	凡是园路的路面低于周围绿地，道牙高于路面，起到阻挡绿地水土作用的一类园路，统称为路堑型
	路堤型	这类园路的路面高于两侧绿地，道牙高于路面，道牙外有路肩，路肩外有明沟和绿地加以过渡
	特殊型	有别于前两种类型且结构形式较多的一类，统称为特殊型，包括步石、汀步、蹬道、攀梯等。这类结构型的道路在现代园林中应用越来越广，但形态变化很大，应用得好，往往能达到意想不到的造景效果
根据铺装材料分类	整体路面	指由水泥混凝土或沥青混凝土整体浇筑而成的路面。这类路面是园林建设中应用最多的一类，具有强度高、结实耐用、整体性好的特点，但不便于维修，且观赏性较差
	块料路面	指用大方砖、石板、各种天然块石或各种预制板铺装而成的路面。这类路面简朴大方、防滑，能够减弱路面反光强度，并能铺装成形态各异的各种图案花纹，同时，也便于地下施工时拆补，在现代城镇及绿地中被广泛应用
	碎料路面	指由各种碎石、瓦片、卵石及其他碎状材料组成的路面。这类路面铺路材料价格低，能铺成各种花纹，一般多用于游步道
	简易路面	指由煤屑、三合土等组成的临时性或过渡路面
根据路面的排水性能分类	透水性路面	透水性路面是指下雨时，雨水能及时通过路面结构渗入地下，或者储存于路面材料的空隙中，减少地面积水的路面，其做法既有直接采用吸水性好的面层材料，也有将不透水的材料干铺在透水性基层上，包括透水混凝土、透水沥青、透水性高分子材料及各种粉粒材料路面，透水草皮路面和人工草皮路面等。这种路面可减轻排水系统负担，保护地下水资源，有利于生态环境，但平整度、耐压性往往存在不足，养护量较大，故主要应用于游步道、停车场、广场等
	非透水性路面	非透水性路面是指吸水率低，主要靠地表排水的路面。不透水的现浇混凝土路面、沥青路面、高分子材料路面，以及各种在不透水基层上用砂浆铺贴砖、石、混凝土预制块等材料铺成的园路都属于此类。这种路面的平整度和耐压性较好，整体铺装的可用作机动交通、人流量大的主要园路，块材铺筑的则多用作次要园道、游步道、广场等

🐛 5.1.3　园路的作用

1. 组织交通

园路承担了游客的集散、疏导，满足园林绿化、建筑维修、养护、管理等工作的运输工作，以及安全、防火、职工生活、公共餐厅、小卖部等园务工作的运输任务。

2. 引导游览

园路能担负组织园林的观赏程序，起向游客展示园林风景画面的作用。园路中的主路和一部分次路，就成了导游线。

3.划分空间、构成园景

园林中常常利用地形、建筑、植物或道路把全园分隔成各种不同功能的景区，同时又通过道路，把各个景区联系成为一个整体，并且园路优美的曲线、丰富多彩的路面铺装，可与周围的山、水、建筑、花草、树木、石景等景物紧密结合，在起到联系作用的同时又"因路得景"，自成景观。

4.综合功能、敷设管线

园林道路是水电管网的基础，它直接影响园林中给水排水和供电的布置。

5.1.4 园路布局形式

风景园林的道路系统不同于一般城市道路系统，有独特的布置形式和特点。常见的园路系统布局形式有套环式、条带式和树枝式三种形式，见表5-1-2。

表 5-1-2 园路系统的布局形式

布局形式	园路系统特征	图示	适用范围
套环式园路系统	由主园路构成一个闭合的大型环路或一个"8"字形的双环路，再从主园路上分出很多的次园路和游览小道，并且相互穿插连接与闭合，构成另一些较小的环路。主园路、次园路和小路构成的环路之间的关系，是环环相套、互通互连的关系，其中少有尽端式道路。因此，这样的道路系统可以满足游人在游览中不走回头路的愿望		套环式园路是最能适应公共园林环境，也最为广泛应用的一种园路系统。但是，在地形狭长的园林绿地中，由于地形的限制，一般不宜采用这种园路布局形式
条带式园路系统	主园路呈条带状，始端和尽端各在一方，并不闭合成环。在主路的一侧或两侧，可以穿插一些次园路和浏览小道。次路和小路相互之间也可以局部闭合成环路，但主路不会闭合成环。条带式园路布局不能保证游人在游园中不走回头路		适用于林荫道、河滨公园等地形狭长的带状公共绿地中

布局形式	园路系统特征	图示	适用范围
树枝式园路系统	以山谷、河谷地形为主的风景区和市郊公园，主园路一般只能布置在谷底，沿着河沟从下往上延伸。两侧山坡上的多处景点都是从主路上分出一些支路，甚至再分出一些小路加以连接。支路和小路多数只能是尽端式道路，游人到了景点游览之后，要原路返回到主路再向上行。这种道路系统的平面形状，就像是有许多分枝的树枝，游人走回头路的时候很多		这是游览性最差的一种园路布局形式，只有在受到地形限制时才会采用

5.2

园路设计

5.2.1 园林道路平曲线设计

园路规划既有自由曲线的方式，也有规则直线的方式，形成两种不同的园林风格。采用一种方式的同时，也可以用另一种方式补充。园林道路平曲线设计包括确定道路的宽度、平曲线半径和曲线加宽等。

1. 园路的宽度设计

(1)主要园路。主要园路是联系园内各个景区、主要风景点和活动设施的路，是园林内大量游人所要行进的路线，必要时可通行少量管理用车，应考虑能通行卡车、大型客车，宽度为 4～6 m，一般最宽不超过 6 m。

园路参与造景的作用

(2)次要道路。次要道路是主要园路的辅助道路，设在各个景区内，是各景区内部的骨架，联系着各个景点。考虑到园务交通的需要，应也能通行小型服务用车及消防车等，路面宽度常为 2～4 m。

(3)游憩小路。游憩小路主要供游人散步休息、引导游人到达园林各个角落，如山上、水边、林中、花丛等。其多曲折自由布置，考虑两人行走，其宽度一般为 1.2～2.5 m。

(4)小径。小径在园林中是园路系统的末梢，是联系园景的捷径，是最能体现艺术性的部分。它以优美婉转的曲线构图成景，与周围的景物相互渗透、吻合，极尽自然变化之妙。小径宽一般不超过 1 m，只能供一个人通过。

2. 园路的线型设计

(1)直线。直线线型规则、平直，多用于规则式园林中。

(2)圆弧曲线。圆弧曲线多用于道路转弯或交汇处。

(3)自由曲线。在以自然式布局为主的园林中的游步道多采用此种线型。

在设计自然式曲线道路时，道路平曲线的形状应满足游人平缓自如转弯的习惯，弯道曲线要流畅，曲率半径要适当，不能过分弯曲，不得刻意造作，如图 5-2-1 所示。

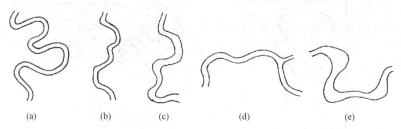

图 5-2-1　园路平面曲线线型比较

(a)园路过分弯曲；(b)弯曲不流畅；(c)宽窄不一致；(d)正确的平行曲线园路；(e)特殊的不平行曲线园路

3. 平曲线半径的选择

当道路由一段直线转到另一段直线上时，其转角的连接部分均采用圆弧形曲线，这种圆弧的半径称为平曲线半径(图 5-2-2)。园路内侧平曲线半径参考值见表 5-2-1。

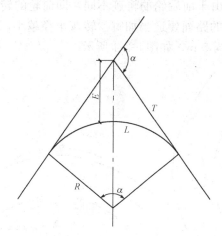

图 5-2-2　园路平曲线图

T—切线长(m)；E—曲线外距(m)；L—曲线长(m)；a—路线转折角度(°)；R—平曲线半径(m)

表 5-2-1　园路内侧平曲线半径参考值　　　　　　　　　　　　　　　　　　　　m

园路类型	一般情况下	最小
游览小道	3.5～20.0	2.0
次园路	6.0～30.0	5.0
主园路	10.0～50.0	8.0

自然式园路曲折迂回，平曲线的变化主要由下列因素决定：园林造景的需要；当

地地形、地物条件的要求；在通行机动车的地段上，要注意行车安全。

4. 园路转弯半径的确定

通行机动车辆的园路在交叉口或转弯处的平曲线半径要考虑适宜的转弯半径，以满足通行的需求。转弯半径的大小与车速和车类型号(长、宽)有关，个别条件困难地段也可以不考虑车速，采用满足车辆本身的最小转弯半径(图 5-2-3)。

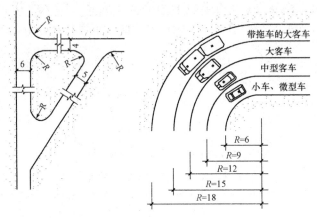

图 5-2-3　园路转弯半径的确定

5. 曲线加宽

汽车在弯道上行驶，由于前后轮的轨迹不同，即前轮的转弯半径大，后轮的转弯半径小，因此，弯道内侧的路面要适当加宽。转弯半径越小，加宽值越大。一般加宽值为 2.5 m，加宽延长值为 5 m，如图 5-2-4 所示。

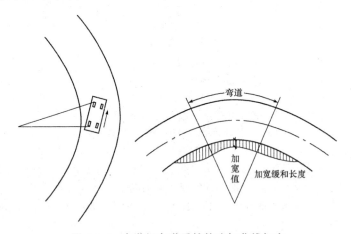

图 5-2-4　弯道行车道后轮轨迹与曲线加宽

5.2.2　园林道路竖曲线设计

园林道路竖曲线设计包括道路的纵横坡度、弯道、超高等。

1. 园路纵断面设计要求

(1)满足园林造景需要，园路应是增加景色，而非破坏风景。

(2)园路的设计要符合设计规范，包括园路的半径、纵坡、加宽、曲线长度等。

(3)道路中心线高程应与城市道路合理地衔接。

2. 园路的纵横坡度

一般园路的路面应有 8% 以下的纵坡，以保证雨水的排除，同时为了丰富路景，应保证最小纵坡不小于 0.3%～0.5%。可供自行车骑行的园路，纵坡宜在 2.5% 以下，最大不超过 4%。轮椅、三轮车宜为 2% 左右，不超过 3%。不通车的人行游览道，最大纵坡不超过 12%，若坡度在 12% 以上，就必须设计为梯级道路，见表 5-2-2。

表 5-2-2　园路纵坡与限制坡长

道路类型	车道			游览道				梯道
园路纵坡/%	5～6	6～7	7～8	8～9	9～10	10～11	11～12	>12
限制坡长/m	600	400	300	150	100	80	60	25～60

3. 竖曲线

当道路上下起伏时，在起伏转折的地方，用一条圆弧连接，由于这条圆弧是竖向的，工程上把这样的弧线叫作竖曲线。竖曲线应考虑行车安全，如图 5-2-5 所示。

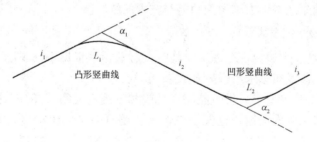

图 5-2-5　园路竖曲线图

4. 弯道与超高

当汽车在弯道上行驶时，产生的横向推力叫作离心力。为了防止车辆向外侧滑移，抵消离心力的作用，就要把路的外侧抬高。道路外侧的抬高为超高。

超高与道路半径及行车速度有关，一般为 2%～6%，如图 5-2-6 所示。

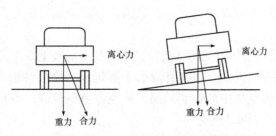

图 5-2-6　汽车在弯道上行驶受力分析

供残疾人使用的园路设计

供残疾人使用的园路在设计时应注意以下几个方面：

(1)路面宽度不宜小于 1.2 m，回车路段路面宽度不宜小于 2.5 m。

(2)道路纵坡一般不宜超过 4%，且坡长不宜过长，在适当距离应设水平路段，而不应有阶梯。

(3)应尽可能减小横坡。

(4)坡道坡度为 1/20～1/15 时，其坡长一般不宜超过 9 m；每逢转弯处，应设不小于 1.8 m 的休息平台。

(5)园路一侧为陡坡时，为防止轮椅从边侧滑落，应设高度为 10 cm 以上的挡石，并设扶手栏杆。

(6)排水沟箅子等，不得凸出路面，并注意不得卡住车轮和盲人的拐杖。

🐛 5.2.3 园林道路铺装设计

园林道路的铺装，首先要满足功能要求，即要坚固、平稳、耐磨、防滑和易于清扫。其次要满足园林在丰富景色、引导游人游览和便于识别方向上的要求。最后还应服从整个园林的造景艺术，力求做到功能与艺术的统一。

1. 园路铺装设计的要求

(1)要与周围环境相协调。在面层设计时，有意识地根据不同主题的环境，采用不同的纹样、材料色彩及质感来增强景观效果。

(2)满足园路的功能要求。虽然园路也是园林景观构成的一部分，但它主要的功能仍是交通，是游人活动的场地，也就是说，园路要有一定的粗糙度，并减少地面的反射。因此，在进行铺装设计时，不能为了追求景观的效果而忽略园路的实用功能。

(3)园路路面应具有装饰性。在满足园路实用功能的前提下，以不同的纹样、质感、尺度、色彩，按照不同的风格和时代要求来装饰园林。

(4)路面的装饰设计应符合生态环保的要求，包括使用的材料本身是否有害、施工工艺是否环保、采用的结构形式对周围自然环境的影响等。

2. 园路铺装的类型

根据路面铺装材料、结构特点，可以把园路路面的铺装形式分为三大类，即整体路面铺装、块料路面铺装、粒料和碎料铺装。

(1)整体路面铺装。整体路面的铺装常见的有沥青混凝土和水泥混凝土两种。

1)沥青混凝土路面。优点：用沥青混凝土铺筑成的路面平整干净，路面耐压、耐磨，适用于行车、人流量集中的主要园路；缺点：色调较深，不易与园林周围的环境相协调，在园林中使用不够理想。

新材料：彩色沥青混凝土路面。

2）水泥混凝土路面。优点：水泥混凝土可塑性强，可采用多种方法来做表面处理，形成各种各样的图案、花纹。

路面处理：常用的方法有表面处理或贴面装饰。其中，表面处理是直接在水泥混凝土的表面上做各种各样的面层处理，其方法有抹平、硬毛刷或耙齿表面处理、滚轴压纹、机刨纹理、露骨料饰面、彩色水泥抹平、水磨石饰面、压模处理。另外，贴面装饰是以水泥混凝土做基层，在基层上利用其他材料做贴面进行地面装饰。

（2）块料路面铺装。块料铺装的材料种类包括用石材、混凝土、烧结砖、工程塑料等预制的整型板材，块料作为结构面层。其基层常使用灰土、天然砾石、级配砂石等，如图 5-2-7、图 5-2-8 所示。

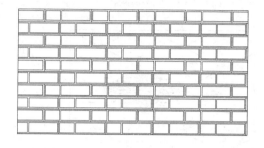

图 5-2-7　砖块铺砌路面

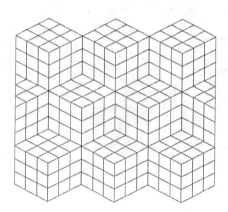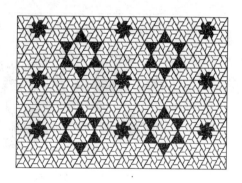

图 5-2-8　预制块料路面

石材是所有铺装材料中最自然的一种，其耐磨性和观赏性都较高。如有自然纹理的石灰岩、层次分明的砂石、质地鲜亮的花岗石，即便是没有经过抛光打磨，用它们铺装的地面也容易被人们所接受。

混凝土比不上自然风化石材，但它造价低廉，铺设简单，可塑性强，耐久性也很高。用混凝土可预制成各种块料，通过一些简单的工艺，如染色技术、喷漆技术、蚀刻技术等，可描绘出各种美丽的图案，以符合设计要求。

（3）粒料和碎料铺装。

1）散置粒料路面。使用砂或卵石，径粒在 20 mm 以下。

2）花街铺地。花街铺地是我国古代园林铺地的代表，以砖瓦、碎石、瓦片等废料、碎料组成图案精美、色彩丰富的各种花纹地面，如冰裂纹、十字海棠、四方灯景、长八方、攒六方、万字等，如图 5-2-9～图 5-2-14 所示。

图 5-2-9　冰裂纹

图 5-2-10　十字海棠

图 5-2-11　四方灯景

图 5-2-12　长八方

图 5-2-13　攒六方

图 5-2-14　万字

3）卵石嵌花路面。卵石的价格低，使用广泛，可以用这种材料铺成各种形象、生动的地面，如图 5-2-15 所示。

图 5-2-15　雕砖卵石嵌花路面——"战长沙"

4)透水路面。把天然石块和各种形状的预制水泥混凝土块铺成各种花纹，铺筑时在块料之间留 3～5 cm 的缝隙，填入土壤，然后种草。这种路面一般用在停车场，如图 5-2-16 所示。

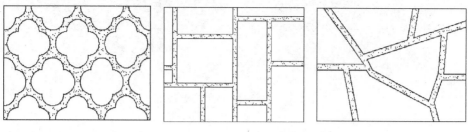

图 5-2-16　各种嵌草路面

5)步石、汀步。步石、汀步是指在草地上、水上用一至数块天然石块或预制成各种形状的铺块不连续地自由组合来越过草地和水体。每块步石都是独立的，彼此之间互不干扰，所以，对于每块步石的铺设都应稳定、耐久。步石的平面形状有多种，可做成圆形、长方形、正方形或不规则形状等，如图 5-2-17 所示。

6)其他铺装形式。其他铺装形式包括台阶、礓磋、木栈台、盲道等。

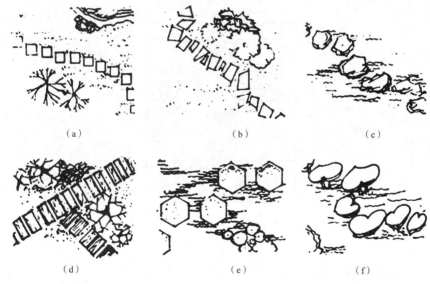

(a)　　　　　　　　　(b)　　　　　　　　　(c)

(d)　　　　　　　　　(e)　　　　　　　　　(f)

图 5-2-17　常见的步石与汀步
(a)方形砖；(b)任意形砖；(c)块石；(d)整齐形；(e)几何形；(f)仿叶形

3. 园路的纹样和图案设计

(1)用图案进行地面装饰。利用不同形状的铺砌材料，构成具象或抽象的图案纹样，以获得较好的视觉效果，如图 5-2-18 所示。

(2)用色块进行地面装饰。选择不同颜色的材料构成铺地图案，利用大的块面变化来进行地面的装饰，以取得赏心悦目的视觉效果，如图 5-2-19 所示。

(3)用材质进行地面装饰。用使用的材料所构成的线条或在地面上形成的一些花纹作为地面装饰，如图 5-2-20 所示。

图 5-2-18　碎料、块料拼纹路面

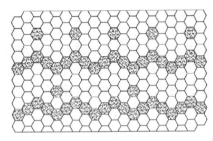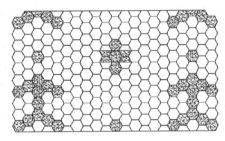

图 5-2-19　预制块料路面

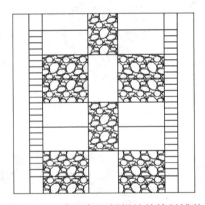

图 5-2-20　卵石与石板拼纹的块料铺装

5.2.4　园林道路结构设计

1. 园路的结构

园路一般由路面、路基和附属工程组成。

(1)路面。园路路面的结构包括面层、结合层、基层，如图 5-2-21 所示。

1)面层。面层是路面最上面的一层，直接承受人流、车辆和大气因素，如烈日、严冬、风、雨等作用的影响。因此，要求坚固、平稳、耐磨，有一定的粗糙度，少尘土，便于清扫。

2)结合层。结合层是当采用块料铺筑面层时在面层和基层之间的一层，用于结合、找平、排水而设置的一层。

3)基层。基层一般在土基之上，起承重作用。它承受由面层传下来的荷载，又把荷载传递给路基。因此，基层要有一定的强度，一般用碎(砾)石、灰土或各种矿物废渣等筑成。

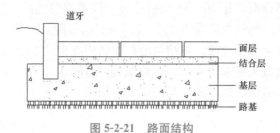

图 5-2-21　路面结构

4)垫层。垫层是介于基层和路基之间的层次，是用来与土层分开的过渡层。它的功能是改善土基的湿度和温度状况，以保证面层和基层的强度、刚度和稳定性不受土基水温状况变化所造成的危害的影响，如图 5-2-22 所示。

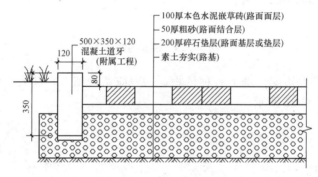

图 5-2-22　典型园路结构

(2)路基。路基是路面的基础，它不仅为路面提供一个平整的基面，承受路面传下来的荷载，也是保证路面强度和稳定性的重要条件之一。如果路基的稳定性不良，应采取措施，以保证路面的使用寿命。

(3)附属工程。

1)道牙(缘石)。道牙是安置在路面两侧，使路面与路肩在高程上起衔接作用，并能保护路面，便于排水的一项设施。道牙一般分为立道牙和平道牙两种形式，如图 5-2-23 所示。

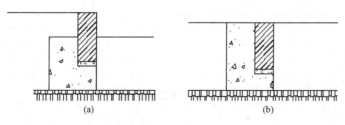

图 5-2-23　道牙

(a)立道牙；(b)平道牙

2)台阶、蹬道、礓磋和种植池。

①台阶：当路面坡度超过12°时，为了便于行走，在不通行车辆的路段上，可设台阶。台阶的宽度与路面相同，每阶的高度为12～17 cm，宽度为30～38 cm。一般台阶不连续使用，如地形许可，每10～18级后应设一段平坦的地段，使游人有恢复体力的机会。为了便于排水，每级台阶应有1％～2％向下的坡度。

②蹬道：在地形陡峭的地段，可结合地形或利用露岩设置蹬道。

③礓磋：在坡度较大的地段上，一般纵坡超过15％时，本应设台阶的，但为了能通行车辆，将斜面作成锯齿形坡道，称为礓磋，如图5-2-24所示。

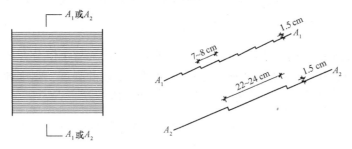

图 5-2-24　礓磋的做法

④种植池：在路边或广场上栽种植物，一般应留种植池，其大小应由所栽植物的要求而定，如图5-2-25所示。

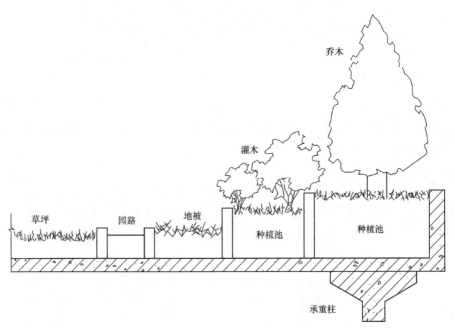

图 5-2-25　园路与种植池

园路常见"病害"及其原因

(1)裂缝凹陷。造成裂缝凹陷的原因：一是基层处理不当，太薄，出现不均匀沉降，造成路基不稳定而发生裂缝凹陷；二是地基湿软，当路面荷载超过土基的承载力时会造成这种现象。

(2)啃边。啃边主要产生于道牙与路面的接触部位。当路肩与基土结合不够紧密、不稳定、不坚固，道牙外移或排水坡度不够及车辆的啃蚀，使其损坏，并从边缘起向中心发展，这种破坏现象叫作啃边，如图 5-2-26 所示。

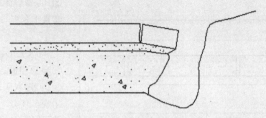

图 5-2-26　啃边破坏

(3)翻浆。在季节性冰冻地区，地下水水位高，特别是对于粉砂性土基，由于毛细管的作用，水分上升到路面下，冬季气温下降，水分在路面下形成冰粒，体积增大，路面就会出现隆起现象。到春季，上层冻土融化，而下层尚未融化，这就使土基变成湿软的橡皮状，路面承载力下降，这时如果车辆通过，就会造成路面下陷，邻近部分隆起，并将泥土从裂缝中挤出来，使路面破坏，这种现象叫作翻浆，如图 5-2-27 所示。

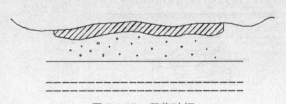

图 5-2-27　翻浆破坏

2. 园路的结构设计

(1)园路结构设计的原则要求。

1)就地取材，低材高用：尽量使用当地材料、建筑废料、工业废渣等。

2)薄面、强基、稳基础：节省水泥石板等建筑材料，降低造价，提高路面质量。

(2)园路结构设计的材料选择。

1)面层可以选择块料或做成整体路面。

2)结合层选择白灰砂浆、混合砂浆、水泥砂浆等。

3)基层使用灰土较多。

(3)园路结构设计。常见的园路结构见表 5-2-3。

表 5-2-3　常见的园路结构

编号	类型	结构
1	水泥混凝土路	①80～150 厚 C20 混凝土； ②80～120 厚碎石； ③素土夯实。 注：基层可用二渣、三渣
2	沥青碎石路	①10 厚二层柏油表面处理； ②50 厚泥结碎石； ③150 厚碎砖或白灰、煤渣； ④素土夯实
3	方砖路	①500×500×100 C15 混凝土方砖； ②50 厚粗砂； ③150 厚灰土； ④素土夯实。 注：胀缝加 10×95 橡皮条
4	卵石嵌花路	①70 厚预制混凝土嵌卵石； ②50 厚 M2.5 混合砂浆； ③一步灰土； ④素土夯实
5	羽毛球场铺地	①20 厚 1：3 水泥砂浆； ②80 厚 1：3：6 水泥、白灰、碎砖； ③素土夯实
6	步石、汀步	①大块毛石； ②基石用毛石或 100 厚水泥板
7	石板嵌草路	①100 厚石板； ②50 厚黄砂； ③素土夯实。 注：石缝 30～50 嵌草

编号	类型	结构
8	荷叶汀步	钢筋混凝土现浇
9	透气、透水性路面	①彩色异型砖； ②石灰砂浆； ③少砂水泥混凝土； ④天然级配砂砾； ⑤粗砂或中砂

5.3

园路施工

5.3.1 园路施工工艺流程

园路施工工艺流程：施工放线→修筑路槽→基层施工→结合层施工→面层施工→附属工程。

5.3.2 园路施工方法

1. 施工前准备

(1)施工期有关人员熟悉图纸，然后对沿路现状进行调查，了解施工路面，从而确定施工方案。

(2)道路施工材料用量大，须提前预制加工订货及采购工作。由于施工现场范围狭窄，不可能现场堆积储存，必须按计划做好材料调运工作。

(3)由于施工场地狭窄，施工期间挖出的大量面层垃圾不能现场存放，必须事先选择临时弃土场或指定地点堆放。

2. 测量放线

根据图纸比例，放出道路中线和道牙边线，其中在转弯处按路面设计的中心线，在地面上每隔 15～50 m 放一中心桩，在弯道曲线上的曲头、曲中和曲尾各放一中心桩，并在各中心桩上写明桩号，再以中心桩为准，根据路面宽度定边桩，最后放出路面的平曲线。

3. 准备路槽

认真熟悉施工图纸，按设计路面的宽度，每侧放出 20 cm 挖槽，路槽的深度应比路面的厚度小 3～10 cm。具体视基土情况而定，清除杂物及槽底整平，可自路中心线向路基两边做 2%～4% 的横坡。

4. 铺筑基层

在铺筑灰土基层时，摊铺长度应尽量延长，以减少接槎，灰土基层实厚一般为 15 cm，由于土壤情况不同而为 21～24 cm。灰土摊铺一定程度后开始碾压。

5. 铺筑结合层

面层和基层之间，铺垫结合层，是基层的找平层，也是面层的粘结层。一般用 M7.5 水泥、白灰、砂混合砂浆或 1:3 白灰砂浆。摊铺宽度应大于铺装面 5～10 cm，拌好的砂浆当日用完；也可用 3～5 cm 的粗砂均匀摊铺而成。整齐石块和条石块，结合层采用 M10 水泥砂浆。

6. 铺筑基层

(1)水泥路面的铺筑。常见的施工方法及其施工技术要领主要有以下几种：

1)普通抹灰与纹样处理：用普通灰色水泥配制成 1:2 或 1:2.5 水泥砂浆，在混凝土面层浇筑后尚未硬化时进行抹面处理，抹面厚度为 10～15 mm。当抹面层初步收水，表面稍干时，再用下面的方法进行路面纹样处理。

①滚花。用钢丝网做成的滚筒，或者用模纹橡胶裹在直径为 300 mm 的铁管外做成滚筒，在经过抹面处理的混凝土面板上滚压出各种细密纹理。滚筒长度在 1 m 以上比较好。

②压纹。利用一块边缘有许多整齐凸点或凹槽的木板或木条，在混凝土抹面层挨着压下，一边压一边移动，就可以将路面压出纹样，起到装饰作用。用这种方法时，要求抹面层的水泥砂浆含砂量较高，水泥和砂的配合比可为 1:3。

③锯纹。在新浇的混凝土表面，用一根直木条如同锯割一般来回动作，一边锯一边移，既能够在路面锯出平整的直纹，有利于路面防滑，又有一定的路面装饰作用。

④刷纹。最好使用弹性钢丝做成刷纹工具，刷子宽 450 mm，刷毛钢丝长 100 mm 左右，木把长 1.2～1.5 m。用这种钢丝在未硬化的混凝土表面上可以刷出直纹、波浪纹或其他形状的纹理。

2)彩色水泥抹面装饰。水泥路面的抹面层所用水泥砂浆，可通过添加颜料调制成彩色水泥砂浆，用这种材料可做出彩色水泥路面。彩色水泥调制中使用的颜料，需选用耐光、耐碱、不溶于水的无机矿物颜料，如红色的氧化铁、黄色的柠檬铬黄、绿色的氧化铬绿、蓝色的钴蓝和黑色的炭黑等。不同颜色的彩色水泥及其所用颜色，见表 5-3-1。

表 5-3-1　彩色水泥的调制

调制水泥色	水泥及其用量	颜料及其用量
红色、紫砂色水泥	普通水泥 500 g	铁红 20～40 g
咖啡色水泥	普通水泥 500 g	铁红 15 g、铬黄 20 g
橙黄色水泥	白色水泥 500 g	铁红 25 g、铬黄 10 g
黄色水泥	白色水泥 500 g	铁红 10 g、铬黄 25 g
苹果绿色水泥	白色水泥 1 000 g	铬绿 150 g、钴蓝 50 g
青色水泥	普通水泥 500 g、白色水泥 1 000 g	铬绿 0.25 g、钴蓝 0.1 g
灰黑色水泥	普通水泥 500 g	炭黑适量

3)露骨料饰面。采用这种饰面方式的混凝土路面和混凝土铺砌板,其混凝土应该用粒径较小的卵石配制。混凝土露骨料主要采用刷洗的方法,在混凝土浇好后 2～6 h 内就应进行处理,最迟不超过浇好后的 16～18 h,刷洗工具一般用硬毛刷子和钢丝刷子。刷洗应当从混凝土板块的周边开始,要同时用充足的水把刷掉的泥砂洗去,把每一粒暴露出的骨料表面都洗干净。刷洗后 3～7 d 内,再用 10％的盐酸水洗一遍,使暴露的石子表面色泽更明净,最后还要用清水把残留的盐酸完全冲洗掉。

(2)块料路面的铺筑。块料路面在铺筑块料时,在面层与道路基层之间所用的结合层做法有两种:一种是用湿性的水泥砂浆、石灰砂浆或混合砂浆作为结合材料;另一种是用干性的细砂、石灰粉、灰土(石灰和细土)、水泥粉砂等作为结合材料或垫层材料。

1)湿法铺筑。用厚度为 15～25 mm 的湿性结合材料,如用 1:2.5 或 1:3 水泥砂浆、1:3 石灰砂浆、M2.5 混合砂浆或 1:2 灰泥浆等粘结,在面层之下作为结合层,然后在其上砌筑片状或块状粘结层。砌块之间的结合及表面抹缝,也用这些结合材料。用花岗石、釉面砖、陶瓷广场砖、碎拼石片、锦砖等材料铺地时,一般要采用湿法铺筑。用预制混凝土方砖、砌块或烧结普通砖铺地,也可以用此法。

2)干法铺筑。以干粉砂状材料,作路面面层砌块的垫层和结合层。如用干砂、细砂土、1:3 水泥干砂、3:7 细灰土等作结合层。砌筑时,先将粉砂材料在路面基层上平铺一层,其厚度干砂、细土为 30～50 mm,水泥砂、石灰砂、灰土为 25～35 mm。铺好后找平,然后按照设计的砌块拼装图案,在垫层上拼砌成路面面层。路面每拼装好一小段,就用平直木板垫在顶面,再用铁锤在多处振击,使所有砌块的顶面都保持在一个平面上,这样可将路面铺装得十分平整。路面铺装好后,再用干燥的细砂、水泥粉、细石灰粉等撒在路面并扫入砌块缝隙中,使缝隙填满,最后将多余的灰砂清洗干净。之后,砌块下面的垫层材料将慢慢硬化,使面层砌块和下面的基层紧密地结合成一体。适宜采用这种干法铺筑的路面材料主要有:石板、整形石块、预制混凝土方砖和砌块等。传统古建筑庭院中的青砖铺地、金砖墁地等,也常采用干法铺筑。

(3)碎料路面的铺筑。地面镶嵌与拼花施工前,要根据设计的图样,准备镶嵌地面用的砖石材料。设计有精细图形的,先要在细密质地的青砖上放好大样,再精心雕刻,做好雕刻花砖,施工中可嵌入铺地图案中,要精心挑选铺地用的石子,挑选出的石子应按照不同颜色、不同大小、不同长扁形状分类堆放,铺地拼花时才能方便使用。

施工时先要在已做好的道路基层上铺垫一层结合材料，厚度一般可为 40～70 mm。垫层结合材料主要用 1∶3 石灰砂、3∶7 细灰土、1∶3 水泥砂浆等，用干法铺筑或湿法铺筑都可以，但干法施工更为方便一些。在铺平的松软垫层上，按照预定的图样开始镶嵌拼花。一般用立砖、小青瓦砖来拉出线条、纹样和图形图案，再用各色卵石、砾石镶嵌作花，或者拼成不同颜色的色块，以填充图形大面。然后，经过进一步修饰和完善图案纹样，并尽量整平铺地后，就可以定稿。定稿后的铺地铺面，仍要用水泥干砂，清扫干净；再用细孔喷壶对地面喷洒清水，稍使地面湿润即可，不能用大水冲击或使路面有水流淌。完成后，养护 7～10 d。

(4)嵌草路面的铺筑。无论用预制混凝土铺路板、实心砌块、空心砌块，还是用顶面平整的乱石、整形石块或石板，都可以铺装成砌块嵌草路面。

施工时，先在整平压实的路基上铺垫一层栽培壤土作垫层。壤土要求比较肥沃，不含粗颗粒物，铺垫厚度为 100～150 mm。然后，在垫层上铺砌混凝土空心砌块或实心砌块，砌块缝中半填壤土，并播种草籽。实心砌块的尺寸较大，草皮嵌种在砌块之间预留的缝中。草缝设计宽度为 20～50 mm，缝中填土达砌块高的 2/3。砌块下面如上所述用壤土作垫层并起找平作用，砌块要铺装得尽量平整。在实心砌块嵌草路面上，草皮形成的纹理是线网状的。

空心砌块的尺寸较小，草皮嵌种在砌块中心预留孔中。砌块与砌块之间不留草缝，常用水泥砂浆粘结。砌块中心孔填土为砌块高的 2/3；砌块下面仍用壤土作垫层找平，使嵌草路面保持平整。空心砌块嵌草路面上，草皮呈点状且有规律地排列。空心砌块的设计制作，一定要保证砌块的结实坚固和不易损坏，因此，其预留孔径不能太大，孔径最好不超过砌块边长的 1/3。

采用砌块嵌草铺装的路面，砌块和嵌草是道路的结构面层，其下面只能有一个壤土垫层，在结构上没有基层。只有这样的路面结构，才有利于草皮的存活与生长。

7. 道牙

道牙基础宜与路床同时填挖碾压，以保证密度均匀，具有整体性。弯道处的道牙最好事先预制成弧形，道牙的结合层用 M5 水泥砂浆铺 2 cm 厚，应安装平稳、牢固。道牙间缝隙为 1 cm，用 M10 水泥砂浆勾缝。道牙背后路肩用夯实白灰土 10 cm 厚、15 cm 宽保护，也可用自然土夯实代替。

知识拓展

仿石材三绝：石英砖、人造岗石、PC 砖你都分得清吗？

中国的石材资源储量世界第一，消耗量也是世界第一。在天然石材开发泛滥、自然资源日趋匮乏的今天，人造石材逐渐取代天然石材，这也是社会发展的必然趋势。

与天然石材相比，人造石具有：色彩艳丽、光洁度高、颜色均匀一致、抗压耐磨、韧性好、结构致密、坚固耐用、相对密度小、不吸水、耐侵蚀风化、色差小、不褪色、放射性低、不乏碱等优点。其特性也使其成为当今景观装饰中最为重要的一类饰材，其种类繁多，用途各异，使用方法也因属性不同而千差万别。

1. 石英砖

生产工艺：原料精选→制备粉料→压制成型→毛坯干燥→高温烧成→切割磨削加

工→成品。

仿石石英砖采用特殊的生产工艺技术和配方原料，主要是用长石、石英、陶土、陶石等原料，在非恒温煅烧及压力等条件的改变下，在砖体内形成石英晶体般的致密结构。采用全通体工艺，实现表里如一的品质。面层处理工艺：亚光面、半抛面、防滑面、火烧面、荔枝面。

材料特性：

(1)致密度高：坚硬、抗弯折、耐磨、砖体吸水率极低（<0.1%）、防污防潮且耐酸碱，强度是花岗岩的3~5倍，适用街道广场等人流量大的环境。

(2)纹理丰富：原料制备要求极高，颜色可控，满足石英砖复制天然石材的纹理丰富、逼真的触觉感和视觉感，还原天然石材的通体质感。

(3)环保安全、生产周期短：在现代生产技术保障下，原料中不含放射性污染的重金属杂质，无辐射，并且摒弃天然石材存在的色差大、瑕疵多、易渗水渗污、难打理、价格高且供货周期长等缺陷，能减少因天然石材开采和加工造成的环境破坏。

2. 人造岗石

生产工艺：备料→配料→下料→真空搅拌→装入模具料车→高压振荡成型→室温固化→锯切毛板→打磨、抛光、防护→成品。

人造岗石是以天然原石碎料、石粉为主要原材料，以有机树脂为胶粘剂，经多道工序而制成的合成石，再经切割即成为建材石板。人造岗石除保留天然纹外，还可以加入不同的色素，丰富其色泽的多样性。人造岗石的填料为碳酸钙类的石料，故而人造岗石又称合成石、再造石、工程石。面层处理工艺：亚光面、半抛面、防滑面、火烧面、荔枝面。

材料特性：

(1)色差小：集中配料工艺解决了天然石材装饰中的色差问题，其花色丰富，外观优雅美观、光洁度高。

(2)强度高、稳定：人造岗石耐磨性好、体积密度高、品质稳定，无辐射，符合A类装饰材料要求。

(3)品种齐全：可添加马赛克、贝壳、玻璃、镜片等材料作为点缀，品种丰富，有其独特的装饰装修效果。

(4)质量轻：质量比同等天然大理石轻10%，符合住房和城乡建设部关于楼房承重标准的要求。安装方法简洁、铺装方式灵活。

3. PC砖

PC，英文全称是Prefabricated Concrete Structure，意为预制装配混凝土结构。因其高效、性价比高、节能、环保、降耗等优势备受青睐。PC砖集彩色混凝土砖和天然大理石、花岗岩的优势于一体，符合国家节能减排、可持续发展的战略方针，经过多年发展已成功应用于景观新材料市场，广泛应用于广场道路、路缘石及各种景观结构。

生产工艺：

(1)将相对应配方的天然石粉破碎成不同数目大小，混合不同效果的岩片、云母片或不同的无机型配色片材，与高强度等级水泥、外加剂、亮光剂或防水型无机材料按照一定比例振动成型。

（2）经蒸汽养护，底层用 C40 级混凝土完成二次布料，二次振实，第二次蒸汽密封养护，脱模，脱模后自然养护与循环水养护。

（3）用专业喷砂机组设备或相对应的铣磨或水磨机械在其表面均匀地铣磨出火烧面、荔枝面、条纹或方格图案（等同于石材各种打磨方式），最终呈现出天然石材的质感和效果。

材料特性：

（1）性价比高：PC 砖充分将废弃资源合理利用，减少对紧缺资源的开采和对自然环境的破坏，符合节能减排的战略。其价格仅为同等质量天然石材的 1/3～1/2。

（2）色泽持久：PC 砖采用天然石材的本色，尤其在遇水后色彩效果更佳。

铺装施工原则

（3）安全防滑：表面用专用设备和刀具高速打磨，能有效地起到防滑作用。

（4）牢固耐久：PC 砖采用多道工序制成，抗压耐踩，强度不低于石材，同时具有易维护、施工方便等特点。

任务实施

任务实施计划书

学习领域	园林工程施工		
学习情境 5	园路工程	学时	
计划方式	小组讨论、成员之间团结合作，共同制订计划		
序号	实施步骤		使用资源
制订计划说明			
计划评价	班级		第 组	组长签字	
	教师签字		日期	

任务实施决策单

学习领域	园林工程							
学习情境 5	园路工程					学时		
方案讨论								
方案对比	组号	任务耗时	任务耗材	实现功能	实施难度	安全可靠性	环保性	综合评价
	1							
	2							
	3							
	4							
	5							
	6							
方案评价	评语:							
班级		组长签字		教师签字			日期	

任务实施材料及工具清单

学习领域	园林工程施工						
学习情境 5	园路工程					学时	
项目	序号	名称	作用	数量	型号	使用前	使用后
所用仪器仪表	1						
	2						
所用材料	1						
	2						
	3						
	4						
所用工具	1						
	2						
	3						
	4						
	5						
	6						
班级		第　组	组长签字			教师签字	

学习领域	园林工程施工		
学习情境 5	园路工程	学时	
实施方式	学生独立完成、教师指导		
序号	实施步骤		使用资源
1			
2			
3			
4			
5			
6			
实施说明：			
班级		第 组	组长签字	
教师签字		日期		

任务实施作业单

学习领域	园林工程施工			
学习情境 5	园路工程	学时		
作业方式	资料查询、现场操作			
序号	实施步骤		使用资源	
1				
作业解答：				
2				
作业解答：				
3				
作业解答：				
4				
作业解答：				
5				
作业解答：				
作业评价	班级		第 组	
	学号		姓名	
	教师签字		教学评分	日期
	评语：			

任务实施检查单

学习领域	园林工程施工			
学习情境5	园路工程		学时	
序号	检查项目	检查标准	学生自检	教师检查
1				
2				
3				
4				
5				
6				
7				
8				
9				
10				
11				
12				
13				

检查评价	班级		第 组	组长签字	
	教师签字		日期		
	评语：				

学习评价单

学习领域	园林工程施工				
学习情境 5	园路工程		学时		
评价类别	项目	子项目	个人评价	组内互评	教师评价
专业能力(60%)	资讯(10%)	收集信息(5%)			
		引导问题回答(5%)			
	计划(10%)	计划可执行度(5%)			
		设备材料工、量具安排(5%)			
	实施(15%)	工作步骤执行(5%)			
		功能实现(3%)			
		质量管理(3%)			
		安全保护(2%)			
		环境保护(2%)			
	检查(5%)	全面性、准确性(3%)			
		异常情况排除(2%)			
	过程(10%)	使用工、量具规范性(5%)			
		操作过程规范性(5%)			
	结果(10%)	结果质量(10%)			
社会能力(20%)	团结协作(10%)	小组成员合作良好(5%)			
		对小组的贡献(5%)			
	敬业精神(10%)	学习纪律性(5%)			
		爱岗敬业、吃苦耐劳精神(5%)			
方法能力(20%)	计划能力(10%)	考虑全面(5%)			
		细致有序(5%)			
	实施能力(10%)	方法正确(5%)			
		选择合理(5%)			
评价评语	班级		姓名		学号		总评	
	教师签字		第　组	组长签字		日期	
	评语:						

教学反馈单

学习领域	园林工程施工			
学习情境5	园路工程		学时	
	序号	调查内容	是	否	理由陈述
	1				
	2				
	3				
	4				
	5				
	6				
	7				
	8				
	9				
	10				
	11				
	12				
	13				
	14				
你的意见对改进教学非常重要，请写出你的建议和意见：				
调查信息	被调查人签名		调查时间	

※ 学习小结

园路像人体的脉络一样，是贯穿全园的交通网络，是联系各个景区和景点的纽带和风景线，是组成园林风景的造景要素。园路的建设总是从平面上划分园林地形，园路施工一般都是结合着园林总平面施工一起进行的。园路工程的重点，在于控制好施工面的高程，并注意与园林其他设施的有关高程相协调。施工中，园路路基和路面基层的处理只要达到设计要求的牢固性和稳定性即可，而路面面层的铺装，则要更加精细，更加强调质量方面的要求。本学习情境主要介绍园路概述、园路设计、园路施工。

※ 学习检测

一、简答题

(1)简述园路的概念及特点。

(2)园路布局形式有哪些？

(3)园路的线型设计有哪些？

(4)园路铺装的类型有哪些？

(5)简述园路施工工艺流程。

二、实训题

某地形园路施工实训。

(1)实训目的。

1)掌握园路的设计方法。

2)通过某具体项目掌握园林线性规划、结构设计及铺装方法及施工图的绘制。

3)掌握路面铺装的形式、园路的结构；掌握园路与造景的关系；掌握园林道路、场地及汀步的技术设计知识。

(2)实训方法。学生以小组为单位，进行场地实测、施工图设计、备料和放线施工。每组交报告一份，内容包括施工组织设计和施工记录报告。

(3)实训步骤。

1)绘制园路铺装施工图。

2)现场踏勘园路铺装，整理园路铺装施工图。

学习情境6 园林建筑小品工程

学习任务清单

学习领域	园林工程施工		
学习情境6	园林建筑小品工程	学时	
布置任务			
学习目标	1. 掌握常用砌体的材料。 2. 掌握花坛、景墙、景亭、花架的材料和构造。		
能力目标	1. 能根据施工图进行花坛的设计与施工。 2. 能根据施工图进行景墙的设计与施工。 3. 能根据施工图进行景亭的设计与施工。 4. 能根据施工图进行花架的设计与施工。		
素养目标	具有积极的工作态度、饱满的工作热情，良好的人际关系，善于与同事合作。		
任务描述	依据所学园林建筑小品工程知识，完成某广场花坛、景墙设计与施工，并编制施工方案。具体任务要求如下： 1. 花坛设计。完成花坛的平面图、立面图、断面结构图和结构详图。 2. 景墙设计。完成景墙的平面图、立面图、断面结构图和结构详图。 3. 编制施工方案。参照园林工程施工技术规范，根据施工项目及现场环境情况编制花坛和景墙工程施工方案。 4. 园林建筑小品工程施工。依据花坛和景墙施工要点，进行花坛和景墙施工。		
对学生的要求	1. 掌握墙体砌筑和装饰的施工方法。 2. 掌握花坛和景墙的设计及其施工方法。 3. 掌握园林建筑小品工程施工工艺流程和施工技术要点。 4. 能指挥园林机械和现场施工人员进行竖向施工，并能规范操作，安全施工。 5. 必须认真填写施工日志，园林建筑小品工程施工步骤要完整。 6. 上课时必须穿工作服，并戴安全帽，不得穿拖鞋。 7. 严格遵守课堂纪律和工作纪律、不迟到、不早退、不旷课。 8. 应树立职业意识，并按照企业的"6S"（整理、整顿、清扫、清洁、素养、安全）质量管理体系要求自己。 9. 本情境工作任务完成后，须提交学习体会报告，要求另附。		

学习领域	园林工程施工		
学习情境 6	园林建筑小品工程	学时	
资讯方式	在资料角、图书馆、专业杂志、互联网及信息单上查询问题；咨询任课教师。		
资讯问题	1. 常用砌体材料有哪些？ 2. 普通砖砌筑方法有哪些？ 3. 砂浆类型及组成砂浆材料有什么特点？ 4. 景观墙体外表装饰途径和方法有哪些？ 5. 装饰抹灰的基本要求有哪些？ 6. 花坛土建施工要点有哪些？ 7. 设计景墙时应注意哪些问题？ 8. 用于景墙的材料和砌筑有哪些基本要求？ 9. 用于花架的材料和砌筑有哪些基本要求？ 10. 用于景亭的材料和砌筑有哪些基本要求？		

6.1

硬质景观材料的认识

在构成景观的物质环境中，所有构筑物或建筑物所用材料及其制品统称为硬质景观材料。它是一切硬质景观工程的物质基础。

各种硬质景观与构筑物都是在合理设计的基础上由各类材料建造而成。所用硬质景观材料的种类、规格及质量都直接关系到硬质景观的艺术性、耐久性、实用性，也直接关系到硬质景观工程的造价。花坛、景墙、景亭、花架都属于硬质景观，它们的工程材料大致可分为墙体砌筑材料(也称砌体材料)和墙面装饰材料两大类。

砌体结构所用材料有烧结普通砖、非烧结硅酸盐砖、烧结空心砖、混凝土空心砖、小型砌块、粉煤灰实心中型砌块、料石、毛石和卵石等。

6.1.1 烧土制品

烧土制品是常见的建筑材料，包括烧结砖、黏土瓦、建筑陶瓷等。烧结砖主要有烧结普通砖、烧结多孔砖和烧结空心砖。

1. 烧结普通砖

烧结普通砖的标准尺寸：240 mm×115 mm×53 mm，砖的长∶宽∶厚＝4∶2∶1(包括灰缝)。按力学强度，其分为 MU30、MU25、MU20、MU15、MU10 五个等级，数字越大，表明砖的抗压、抗折性越好。

烧结普通砖为实心烧结砖时，其按生产方法分为手工砖和机制砖；按颜色可分为红砖和青砖。一般青砖较红砖结实，耐碱、耐久性好。

2. 烧结空心砖和烧结多孔砖

烧结空心砖和烧结多孔砖的型号：KP2 标准尺寸为 240 mm×180 mm×115 mm；KM1 标准尺寸为 190 mm×190 mm×90 mm[图 6-1-1(a)]；KP1 标准尺寸为 240 mm×115 mm×90 mm[图 6-1-1(b)]。

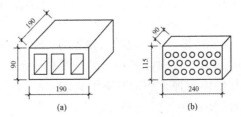

图 6-1-1　烧结空心砖和烧结多孔砖
(a)烧结空心砖；(b)烧结多孔砖

空心砖的用途：多孔砖可以用来砌筑承重墙。大孔砖则主要用来砌筑框架护墙、隔断墙等自承重的墙砖。

3. 烧结普通砖砌筑。

(1)烧结普通砖砌筑砖墙的厚度，见表 6-1-1。

表 6-1-1　烧结普通砖砌筑砖墙的厚度

名称	厚度/mm	通称
半砖墙厚	115	12 墙
3/4 砖墙厚	178	18 墙
一砖墙厚	240	24 墙
一砖半墙厚	365	37 墙
两砖墙厚	490	50 墙

(2)砌筑方法：一顺一丁、三顺一丁、梅花丁、条砌排砖法等，如图 6-1-2～图 6-1-6 所示。

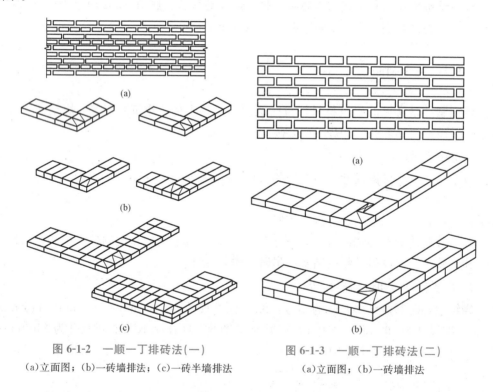

图 6-1-2　一顺一丁排砖法(一)
(a)立面图；(b)一砖墙排法；(c)一砖半墙排法

图 6-1-3　一顺一丁排砖法(二)
(a)立面图；(b)一砖墙排法

(3)砖块排列原则：内外搭接，上下错缝，错缝的长度一半不应小于 60 mm，砌筑时不应使墙体出现连续的通缝，否则将影响墙的强度和稳定性。实心烧结砖用作基础材料，这是园林中作花坛砌体工程常用的基础形式之一。砖基础做法一般有等高式和不等高式两种，如图 6-1-7 所示。

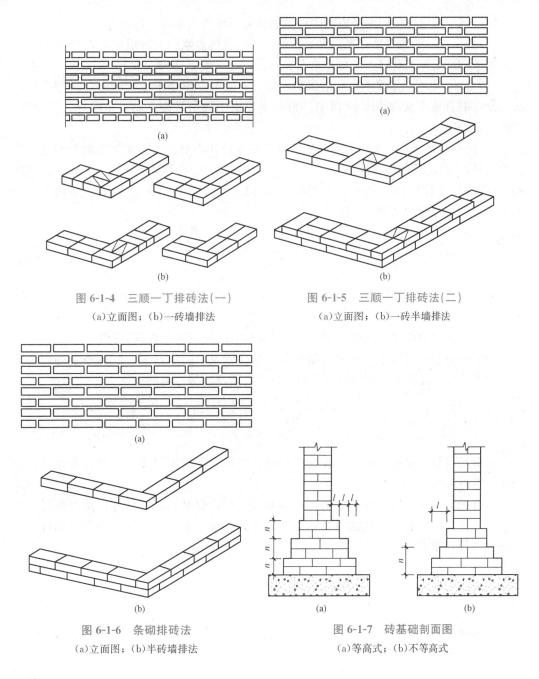

图 6-1-4　三顺一丁排砖法(一)

(a)立面图；(b)一砖墙排法

图 6-1-5　三顺一丁排砖法(二)

(a)立面图；(b)一砖半墙排法

图 6-1-6　条砌排砖法

(a)立面图；(b)半砖墙排法

图 6-1-7　砖基础剖面图

(a)等高式；(b)不等高式

🐛 6.1.2　天然石材

　　凡是采自地壳，经过加工或未经加工的岩石，统称为天然石材。天然石材根据地质成因不同，可分为岩浆岩(如花岗岩)、沉积岩(如石灰石)和变质岩(如大理岩)三大类。

　　(1)岩浆岩。岩浆岩是熔融岩浆在地下或喷出地面后冷凝结晶而成的岩石，如花岗岩、正长石等。

　　(2)沉积岩。沉积岩是地表岩石经长期风化后，成为碎屑颗粒状，经风或水的搬运，通过沉积和再造作用而形成的岩石，如页岩、砂岩、砾岩、石灰岩。

（3）变质岩。变质岩是在高温和高压作用下变质的岩浆岩或沉积岩，如大理石。

用于砌筑工程的石材，主要有毛石和料石。

（1）毛石。毛石是形状不规则的天然石块。一般厚度不小于 150 mm，长度为 300～400 mm，抗压强度应在 MU10 以上。毛石主要用于砌筑基础、勒脚、墙身、挡土墙、堤岸及护坡等。

（2）料石。料石是经加工后形状比较规则的六面体石材。按表面加工的平整度，其分为毛料石（叠砌面凹凸深度不大于 25 mm）、粗料石（凹凸深度不大于 20 mm）、半细料石（凹凸深度不大于 15 mm）、细料石（凹凸深度不大于 10 mm）。料石主要用于砌筑基础、石拱、台阶、勒脚、墙体等。

6.1.3　砂浆

砂浆由骨料（砂）、胶结料（水泥）、掺合料（石灰膏）、外加剂（微沫剂、防水剂、抗冻剂）和水拌和而成。其中，水泥是一种最重要的建筑材料，它不但能在空气中硬化，还能更好地在水中硬化、保持并继续增长其强度，故属于水硬性胶凝材料。

砂浆的类型：按用途可分为砌筑砂浆、抹面砂浆、防水砂浆、装饰砂浆等；按胶结材料可分为水泥砂浆、混合砂浆、石灰砂浆、防水砂浆、勾缝砂浆。

6.1.4　木材

木材与钢材、水泥并称为三大建筑材料。建筑上用的木材常以三种规格供给，即原木、板材和枋材。

木材的优点是质量轻而强度高，弹性和韧性好，保温、隔热性好，耐久性好，装饰性佳，并且易于加工；其缺点是构造不均匀，胀缩变形大，易腐、易燃、易蛀，天然疵病多等，常需对木材进行干燥、防腐、防火等处理。

6.1.5　钢材及钢筋

随着钢质量的不断提高，使钢材及其与混凝土复合的钢筋混凝土和预应力混凝土成为现代建筑结构的主体材料。

6.1.6　混凝土

混凝土是由胶凝材料、骨料与水按一定比例配合，在适当的温度和湿度下，经一定时间后硬化而成的人造石材。用水泥及砂石材料配制成的混凝土，称为普通混凝土。

混凝土是用得最多的人造建筑材料和结构材料，但由于混凝土的抗拉强度比抗压强度低得多，所以，一般需与钢筋组成复合构件，即钢筋混凝土。为了提高构件的抗裂性，还可制成预应力混凝土。

6.2

花坛的设计与施工

花坛是指在具有一定几何轮廓的植床内，种植各种不同色彩的观花、观叶与观果的园林植物，从而构成一幅富有鲜艳色彩或华丽纹样的装饰图案，以供观赏之用。

6.2.1 花坛设计

1. 种植床设计

为了给人以最好的视觉效果，一般来说，种植床的土面高出外面地坪 7～10 cm。为了利于排水，花坛多中央拱起，成为向四周倾斜的缓曲面，最好能保持 4%～10% 的坡度，以 5% 最为常用。同时，栽植不同的植物对种植土厚度也有不同的要求。

2. 花坛壁设计

在花坛种植床的周围要用边缘石或花坛壁保护起来。边缘石或花坛壁也应有很大的装饰性。花坛壁或边缘石的高度通常为 10～15 cm，但根据设计可有更高的变化。

园林中的花坛由砖、石、混凝土或钢筋混凝土砌筑而成。常见花坛砌体结构如图 6-2-1 所示。

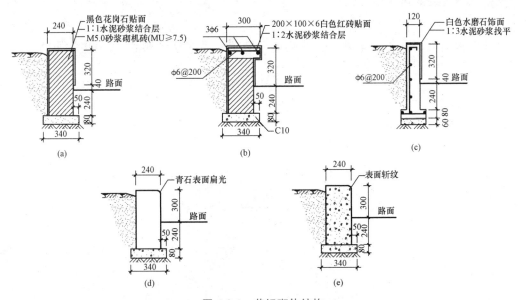

图 6-2-1　花坛砌体结构

(a)砖；(b)钢筋混凝土与砖；(c)钢筋混凝土；(d)石材；(e)混凝土

6.2.2　花坛表面装饰设计

花坛表面装饰包括以下三种：
(1)砌体材料装饰。其材料包括砖、石块、卵石等。
(2)贴面饰面。其材料包括饰面砖、饰面板、青石板、水磨石饰面板等。
(3)装饰抹灰。其材料包括水刷石、水磨石、斩假石、黏石、喷砂、喷涂、彩色抹灰。
花坛表面装饰设计如图 6-2-2 所示。

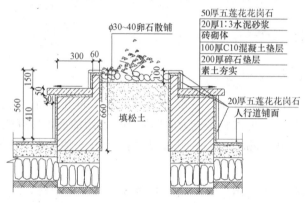

图 6-2-2　花坛表面装饰设计

6.2.3　装饰抹灰施工

(1)底层和中层砂浆宜采用 1：2 水泥砂浆，总厚度控制在 12 mm，如图 6-2-3
所示。

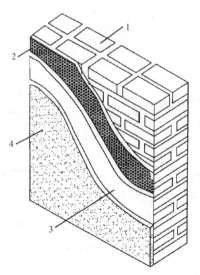

图 6-2-3　砖墙面抹灰分层示意
1—基体；2—底层；3—中层；4—面层

（2）面层采用水泥：石屑＝1：1.25 的体积比，石屑颗粒径为 2～4 mm。水泥强度等级不低于 42.5。

（3）抹面层时，底糙上洒水后抹一层水胶比为 0.37～0.4 的水泥素浆，随即抹水泥石屑浆，再用刮尺刮平，用水抹子横向、竖向反复压实压平。

（4）剁石：为保证斩出的纹理有垂直和平行之分，应在分隔条内用粉线弹出垂直部位的控制线。

6.2.4　花坛施工

1. 定点放线

根据设计图和地面坐标系统的对应关系，用测量仪器把花坛群中主花坛中心点坐标测设到地面上，再把纵横中轴线上的其他中心点的坐标测设下来，将各中心点连线即在地面上放出了花坛群的纵横线。据此可量出各处个体花坛的中心，最后将各处个体花坛的边线放到地面上就可以了。

2. 花坛墙体的砌筑

花坛施工的主要工序就是砌筑花坛墙体。放线完成后，开挖墙体基槽，基槽的开挖宽度应比墙体基础宽 10 cm 左右，深度根据设计而定，一般为 12～20 cm。槽底土面要整齐、夯实，有松软处要进行加固，不得留下不均匀沉降的隐患。在砌基础之前，槽底应做一个 3～5 cm 厚的粗砂垫层，作基础施工找平用。

3. 花坛种植床整理

在已完成的边缘石圈子内，进行翻土作业。一边翻土，一边挑选、清除杂物，一般花坛土壤翻挖深度不应小于 25 cm，树池土壤翻挖深度视栽植树木土球大小而定。若土质太差，应当将劣质土全部清除掉，另换新土填入花坛中。在填土之前，先填进一层肥效较长的有机肥作为基肥，然后再填进栽培土。图 6-2-4 所示为某花坛设计与施工平、立、剖面图。

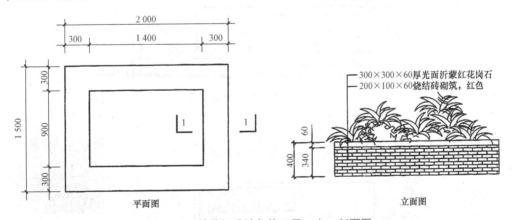

图 6-2-4　某花坛设计与施工平、立、剖面图

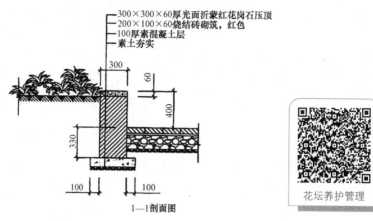

花坛养护管理

1—1剖面图

图 6-2-4　某花坛设计与施工平、立、剖面图(续图)

6.3

景墙的设计与施工

6.3.1　景墙的作用

　　景墙是指园林中的墙垣，通常用于分割空间，遮挡视线，同时也是增加景观、变化空间构图的手段(图 6-3-1)。景墙常与花坛、坐凳结合布置，形成活泼、独立的空间(图 6-3-2)。

图 6-3-1　景墙划分空间层次

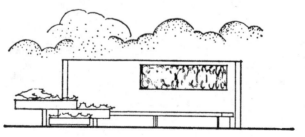

景墙基本构造

图 6-3-2　与花坛、坐凳相结合的景墙

根据其材料和构造的不同，景墙可分为土墙、石墙(虎皮石墙、彩石墙、乱石墙)、砖墙(清水墙、混水墙、混合墙——上混下清)及瓦、轻钢等。根据造型特征，景墙可分为平直顶墙、云墙、龙墙、花格墙、花篱墙和影壁墙六种。

1. 砖砌景观墙体

砖墙的外观部分取决于砖的质量，部分取决于砌合的形式。如果为清水墙，其砖表面的平整度、完整性、尺度误差和砖之间的勾缝，以及砌砖排列方式，将直接影响其美观。图 6-3-3 所示为砖砌景观墙体的构造。如果砖墙表面做装饰抹灰、贴各种饰面材料，则对砖的外观、砖的灰缝要求不高。但无论采用哪一种形式，在垂直方向上的砖缝应错缝，避免一通到底。

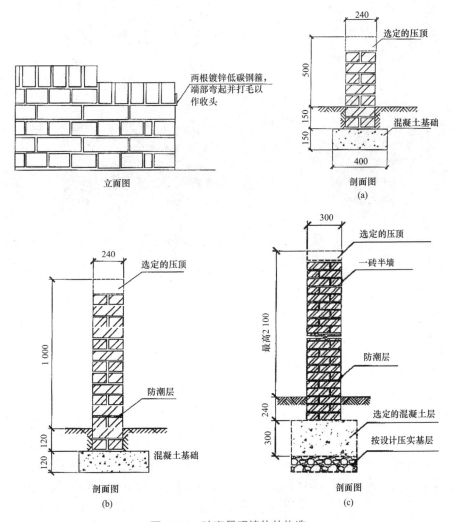

图 6-3-3　砖砌景观墙体的构造
(a)矮墙；(b)中高墙；(c)高墙

2. 石砌景观墙体

石墙能给环境景观带来永恒的感觉。石块的类型多种多样，石材表面加工时，通过留自然荒包、打钻路、钉麻丁等方式可以得到不同的表面效果；天然石块（卵石）的应用也是多种多样的，这就使石砌景观墙体在砌合方式上也灵活多样。

3. 混凝土砌块景观墙体

用混凝土也可塑造各种仿石墙，利用木模板的纹路，在拆模后留于仿石墙面上，则朴实自然。若改用泡沫或硬塑料为衬模，在脱模时，混凝土表面可形成抽象雕塑图案、浮雕等，表现出很强的立体美感，容易给人留下深刻的印象。图 6-3-4 所示为常见的混凝土砌块景观墙体。

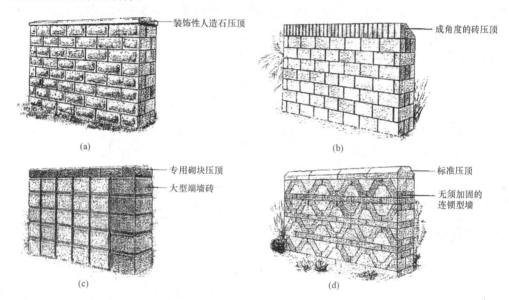

图 6-3-4　常见的混凝土砌块景观墙体
(a)普通混凝土砌块墙；(b)仿浮雕石混凝土砌块墙；(c)斜块剖面混凝土砌块墙；(d)混凝土砌块墙

6.3.3　景墙施工

景墙的施工工艺：施工准备→基础放样→基槽开挖→基础施工→墙体施工→墙面装修→养护→竣工验收。

1. 施工准备

(1)现场准备。施工现场准备是为工程创造有利施工条件的保证。对有碍施工的地上建筑物及构筑物、房屋拆除后的基础等施工场地内的一切障碍物予以拆除。场地内若有树木，须报园林部门批准后方可进行移栽或伐除，能保留的尽量保留，必须移栽的要由专业公司来完成，以确保移植后的成活率，必须伐除的要连根挖起。拆除障碍后，留下的渣土等杂物都应清除出场。同时，确保场地内具备工程施工的用水、用电等条件。

(2)材料准备。根据砂浆、混凝土、普通砖、饰面材料等需要量计划组织其进场，按规定地点和方式储存或堆放。确认砂浆实际配合比，混凝土等用的砂骨料、石子骨料、水泥送配比实验室，制作符合设计要求的各种强度等级的砂浆、混凝土试验试块，由试验机械确定实际施工配合比。

2. 基础放样

基础放样的任务是把图纸上设计好的景墙测设到地面上，并用各种标志表现出来，以作为施工的依据。放线时，在施工现场找到放线基准点，按照景墙施工平面图，利用经纬仪、放线尺等工具将横纵坐标点分别测设到场地上，并在坐标点上打桩定点。然后以坐标桩点为准，根据景墙平面图，用白灰在场地地面上放出边轮廓线。然后，根据设计图中的标高设计找出标高基准点±0.000，利用水准仪测设定出坐标桩点标高及轮廓线上各点标高，可以确定挖方区、填方区的土方工程量。

3. 基槽开挖

基槽开挖前，对原土地面组织测量并与设计标高比较，根据现场实际情况，考虑降低成本，尽量不外运土方而就地回填消化。基槽开挖以人工挖土为主。基槽开挖时要考虑土侧的放坡，开挖前应对灰线进行复核，确认无误后才可开挖。对该地区的地下物应向挖土人员或挖土机驾驶员交代清楚，避免发生意外事故。

结合施工流水计划确定人工挖土顺序。当地下水水位较高时，应选一处做集水坑，让水顺基槽流入坑内然后用潜水泵抽走。基槽挖到底标高处时应留余量，经抄平后清底，以免扰动基土。

4. 基础施工

(1)基础施工前。基础施工前应设置龙门板，在板上标明基础的轴线、底宽、墙身的轴线及厚度、底层地面标高等，并用准线和线坠将轴线及基础底宽放到垫层表面上。砌筑基础前，必须用钢尺校核放线尺寸。用方木或角钢制作皮数杆，并在皮数杆上标明皮数及竖向构造的变化部位。

砌筑前要校核放线情况，在核对检查时要求放线尺寸(长度 L，宽度 B)的允许偏差不超过表6-3-1中的规定。对总尺寸线及局部尺寸线检查后，认为合格，才可对抄平、立皮数杆进行检查。检查时要核对垫层的标高−1.040 m，厚度50 mm，对不符合的要进行纠正。

表 6-3-1　放线尺寸(长度 L，宽度 B)的允许偏差

L、B/m	允许偏差/mm	L、B/m	允许偏差/mm
$L(B) \leqslant 30$	±5	$60 < L(B) \leqslant 90$	±15
$30 < L(B) \leqslant 60$	±50	$L(B) \leqslant 90$	±20

(2)排砖、搭底。放大脚的基础尺寸及收退方法必须符合设计图纸规定。如一层一退，里外均应砌丁砖；如二层一退，第一层砌条砖，第二层砌丁砖。排砖时注意大放脚的高度为240 mm，参照皮数杆摆通后再进行砌筑。

(3)收退放脚。对砖基础大放脚摆砖结束后开始砌筑，砌筑时要掌握收退方法，每边各收100 mm。退台的上面一皮砖用丁砖，这样传力效果好，而且在砌筑完毕后填土时也不易将退台砖碰掉。

（4）基础正墙砌筑。当大放脚收退结束，基础正墙（240 mm）就应开始砌筑。这时要利用龙门板上的轴线位置，拉线挂线坠在大放脚最上皮砖面定出轴线的位置，为砌正墙提供基准。同时，还应利用皮数杆检查大放脚部分的砖面标高是否为 -0.800 m，皮数是否为 4 皮，如不一致，在砌正墙前应及时修正合格。正墙的第一皮砖应丁砖排砖砌筑。

（5）检查。当以上各工序结束后，应进行轴线、标高的检查。检查无误后，可以把龙门板上的轴线位置、标高水平线返到基墙上，并用红色鲜明标志，检查合格后，办好隐蔽手续，尽快回填土。

5. 墙体施工

砖墙的施工工艺为抄平、放线、摆砖、立皮数杆、挂线、砌筑等。

（1）抄平。砌墙前确定基础墙顶标高，如标高不同采用水泥砂浆找平。

（2）放线。根据龙门板或轴线控制桩上的标志轴线，利用经纬仪和墨线弹出墙体的轴线、边线及景窗的位置线。

（3）摆砖。在弹好线的基础顶面上按照选定的组砌方式先用砖试摆，该景墙可选用三顺一丁的组砌方法，它是砌三皮顺砖后砌一皮丁砖，上下皮顺砖的竖缝错开 1/2 砖，顺砖皮与丁砖皮上下竖缝则错开 1/4 砖。

（4）立皮数杆。皮数杆一般用 50 mm×70 mm 的方木做成，上面画有砖的皮数、灰缝厚度、窗等位置的标高，作为墙体砌筑时竖向尺寸的标志。画皮数杆时应从 ±0.000 开始。

（5）挂线、砌筑。该墙体厚度为 240 mm，可以单面挂线。砌筑时以线为准，避免出现墙体一头高、一头低的现象。砌筑时必须错缝搭接，最小错缝长度应有 1/4 砖长或 6 cm。灰缝厚度一般为 10 mm，最大不超过 12 mm，最小不少于 8 mm。水平灰缝太厚，在受力时砌体压缩变形增大，还可能使墙体产生滑移，这对墙体结构很不利。如果灰缝过薄，则不能保证砂浆的饱满度，使墙体的粘结力削弱，影响整体性。

砌筑时宜采用三一砌筑法。三一砌筑法又称为大铲砌筑法，即一铲灰、一块砖、一挤揉，并随手将挤出的砂浆刮平。也可采用铺浆法。当采用铺浆法时，铺浆长度不宜超过 750 mm，施工期间气温超过 30 ℃时，铺浆长度不宜超过 500 mm。

6. 墙面装修

（1）基层处理。饰面石材的镶贴基层应满足平整度和垂直度要求，阴阳角方正，并湿润、洁净。本工程墙体为砖墙，可直接进行抹灰处理。若为混凝土墙面，可采用刷界面处理剂的方法；如果混凝土面较光滑，可先进行凿毛处理，凿毛面积不小于 70%，每平方米打点 200 个以上，再用钢丝刷清扫一遍，并用清水冲洗干净，也可用刷碱清洗后甩浆进行"毛化处理"。

（2）弹线分格。按设计要求统一弹线分格、排砖，一般要求横缝水平，阳角漏窗都需整砖。如按块安格，应采取调整砖缝大小的分格、排砖。按皮数杆弹出水平方向的分格线，同时弹竖直方向的控制线。

（3）做标志块。在镶钻面砖时，应先贴若干块废面砖作为标志块，上下用托线板吊直，作为粘结厚度的依据，横向每隔 1.5 m 左右做一个标志块，用拉线或靠尺校正其平整度。

(4)面砖铺贴。所有的面砖在铺贴前必须泡水，充分浸湿后晾干待用。贴面砖的灰浆用 1:2.5 水泥砂浆，灰浆厚度以 20 mm 为宜。面砖铺贴顺序为自下而上，铺贴第一皮后，用直尺检查一遍平整度。如有个别面砖凸出，可用小木槌或木柄把其向内轻敲几下，使其平整为止。

(5)勾缝。在整幅墙面贴砖完成后，用与面砖同色的彩色水泥砂浆勾缝嵌实。面砖勾缝处残留的砂浆，必须及时清除干净。

(6)养护。面砖镶贴完后注意养护。

6.4

亭的设计与施工

亭是供游人休息、观景或构成景观的开敞或半开敞的小型园林建筑。它常与其他建筑、山水、植物相结合，装点园景。亭的占地面积较小，也很容易与园林中各种复杂的地形、地貌相结合成为园中一景。在自然风景区和游览胜地，亭以它自由、灵活、多变的特点把大自然点缀得更加引人入胜(图 6-4-1)。

图 6-4-1　钢筋混凝土结构五亭组

6.4.1　常见亭的特点和构造

园林中亭的功能有休息、观景、点景和专用四种，主要是为了满足人们在游赏活动过程中驻足休息、纳凉避雨、眺望景色及点缀风景的需要。现代园林中，亭的式样更加抽象化，亭顶呈圆盘式、菌蕈式或其他抽象化的建筑物，常采用对比色彩，装饰趣味多于实用价值。

1. 亭的特点

亭不仅体量小巧、结构简单、造型别致，而且选址极为灵活，几乎达到"无亭不成园"的地步。亭之所以能在园林中得到最广泛的应用，主要取决于其本身的特点。

(1)造型独立而完整。在造型上，亭一般小而集中向上，独立而完整，玲珑而轻巧，满足园林的要求。

(2)选址灵活方便。亭的结构简单，施工制作方便，建造比较自由、灵活，选址上受到的约束较小。

(3)满足园林构图需求。功能上没有严格的要求，可以从园林建筑空间构图的需要出发，自由安排，最大限度地发挥其园林艺术特色(图6-4-2～图6-4-4)。

图 6-4-2　亭的造型

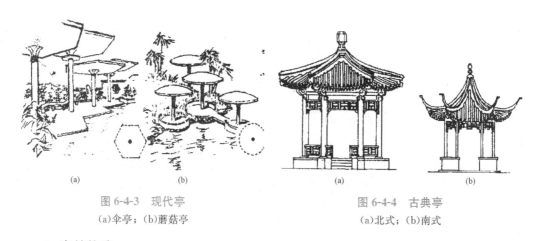

(a)	(b)
图 6-4-3　现代亭	图 6-4-4　古典亭
(a)伞亭；(b)蘑菇亭	(a)北式；(b)南式

2. 亭的构造

亭一般由地基、亭柱和亭顶三部分组成，另外还有附设物。

(1)地基。地基多以混凝土为材料，地上部分负荷较重者，需加钢筋、地梁；地上部分负荷较轻者，如用竹柱、木柱搭建并盖以稻草的凉亭，则仅在亭柱部分掘穴用混凝土做成基础即可。

(2)亭柱。亭柱的构造依材料而异，有水泥、石块、砖、树干、木条、竹竿等，由于凉亭一般均无墙壁，故亭柱在支撑及美观的要求上均极为重要。柱的样式则有方柱、圆柱、多角柱、格子柱等。柱的色泽各有不同，也可在其表面上绘制或雕成各种花纹，以增加美观或变化。

(3)亭顶。凉亭的顶部梁架可用木料做成，也有用钢筋混凝土或金属铁架制作的。

亭顶一般可分为平顶和尖顶两类，形状则有方形、圆形、多角形、梅花形、十字形和不规则形等。顶盖的材料则可用瓦片、稻草、茅草、树皮、木板、树叶、竹片、柏油纸、石棉瓦、塑料片、铝片、镀锌薄钢板等。

（4）附设物。为了美观与实用，往往在亭的旁边或内部设置座椅、栏杆、盆体、花坛等附设物，但以适量为原则。另外，亭的梁柱上常有各种雕刻装饰，亭的墙柱上也可作各种浮雕、刻像或对联、题词等点景。

🐍 6.4.2　亭的设计要求与应用环境

1. 亭的设计要求

亭的类型

在园林建筑设计中，亭的设计要处理好以下两个方面的问题：位置的选择和亭本身的造型。其中，第一个问题是园林空间规划上的问题，是首要的；第二个问题是选点确定后，根据所在地段的周围环境，进一步研究亭本身的造型，使其能与环境很好地结合。

亭位置的选择，一方面是为了观景，即供游人驻足休息，眺望景色；另一方面是为了点景，即点缀风景。

2. 亭的应用环境

（1）山上建亭。这是宜于远眺的地形，特别是在山巅、山脊上，眺望的范围广、方向多，同时也为游人在登山过程中提供了一个边休息边欣赏环境的机会。一般选在山巅、山腰台地、悬崖绝壁、山坡侧旁、山洞洞口、山谷溪涧和奇峰巨石上（图6-4-5）。

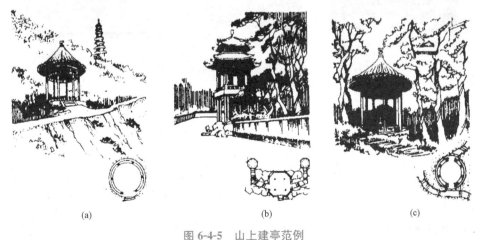

(a)　　　　　　　　　　(b)　　　　　　　　　　(c)

图6-4-5　山上建亭范例

(a)崂山圆亭；(b)颐和园画中游；(c)北海公园见春亭

（2）临水建亭。水面设亭，一般宜尽量贴近水面，宜低不宜高，宜突出于水中，三面或四面为水面所环绕。凌驾于水面的亭也常立基于小岛、半岛或水中石台之上，以堤、桥与岸相连，岛上置亭形成水面之上的空间环境，别有情趣。一般选在临水岸边、水边石矶、岛上、桥上和泉、瀑一侧（图6-4-6）。

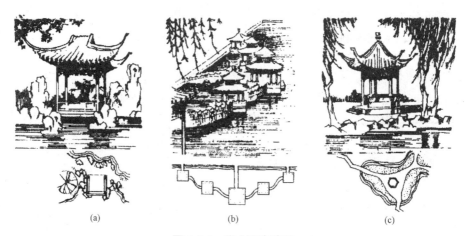

图 6-4-6　临水建亭范例
(a)留园濠濮亭；(b)北海公园五龙亭；(c)拙政园荷风四面亭

（3）平地建亭。一般位于道路的交叉口上，路侧的林荫之间，有时为一片花木山石所环绕，形成一个小的私密性空间的气氛环境。通常选在草坪上、广场中、台阶上、花间林下，以及园路的中间、一侧、转折处和岔路口处。此外，也常选在密林深处、庭院一角，或者与建筑和廊相连(图 6-4-7)。

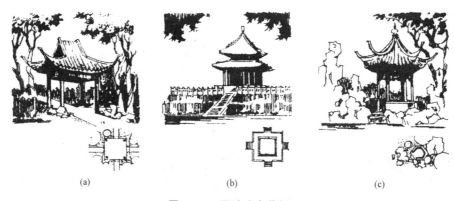

图 6-4-7　平地建亭范例
(a)三潭印月路亭；(b)兴庆公园沉香亭；(c)留园冠云亭

6.4.3　亭的施工

1. 不同材料亭的施工要点

亭的材料选择和结构形式与自然环境、工程条件、使用功能、园林审美等因素都有直接的关系。建亭所用的材料虽然种类较多，繁简不一，但大多数都比较简单，施工制作也较方便。过去，常以传统的木构瓦顶为多，现在多用钢筋混凝土，也可用竹材、石材、不锈钢、铝合金、玻璃钢等建筑材料，形态也越加丰富多彩。

（1）木结构亭。我国传统木结构亭的承重结构不是砖墙，而是木柱，墙只起到围护作用。因此，亭的形态灵活多变，而且由于亭的体型小，其结构可不受传统做法的限制。亭的造型主要取决于平面形状和屋顶形式。

（2）砖结构亭。砖结构亭一般是用砖砌结构支撑屋面。北方不少碑亭都是如此，体型厚重，与亭内的石碑相互映衬。

在我国，很多纪念性的亭使用石材结构，也有梁柱用石材结构的，其他仍用木质结构，如苏州沧浪亭，既古朴庄重，又富自然之趣。

（3）竹亭。竹亭源自江南一带，取材方便，形式上轻巧自然。北方也有仿江南竹韵意境而建竹亭的实例。近年来，随着处理北方气候干燥造成竹材开裂和南方潮湿竹材易霉变、虫蛀等技术的发展与完善，用竹材造亭榭者日多。竹亭建造比较简易，内部可用木结构、钢结构等，而外表用竹材，使其既美观、牢固，又易于施工。

（4）钢筋混凝土结构亭。随着科学技术的进步，使用新技术、新材料造亭日益广泛。用钢筋混凝土建亭主要有三种方式：一是现场用混凝土浇筑，结构比较牢固，但制作细部比较浪费模具；二是用预制混凝土构件焊接装配；三是使用轻型结构，顶部用钢板网，上覆混凝土进行表面处理。

（5）钢结构亭。钢结构亭在造型上可以有较多的变化，在北方需要考虑风压、雪压的负荷。另外，屋面不一定全部使用钢结构，可使用与其他材料相结合的做法，形成丰富的造型。

2. 亭的施工程序和施工方法

亭的施工包括基础工程、主体工程和装饰工程三个分部工程。基础工程主要包括挖土方、垫层、模板工程、钢筋工程和混凝土柱浇筑等分项工程。主体工程包括模板工程、钢筋工程和钢锭浇筑工程、顶盖结构工程等分项工程。亭的装饰工程主要包括木质柱装饰工程、钢筋混凝土柱装饰工程、石质柱装饰工程、亭顶室内部分涂刷工程。

（1）定点放线。根据设计图和地面坐标系统的对应关系，用测量仪器把亭子的位置和边线测放到地面上。

（2）基础处理。根据设计宽度，每边多放出 20 cm 左右后挖槽，挖好槽后，首先用素土夯实，有松软处要进行加固，不得留下不均匀沉降的隐患，再用 150 mm 厚级配三合土做垫层，基层以 100 mm 厚 C20 素混凝土和 120 mm 厚 C15 垫层做好，再用 C20 钢筋混凝土做基础。根据附图，假设挖深为 1.5 m，开挖长×宽为 4 100 mm×4 100 mm，人工开挖。坑深度的控制，如图 6-4-8 所示。

（3）模板工程。各部构件模板的尺寸要与图纸相符，边模板高度不能小于构件高度，模板拼接处不要有缝隙，以免混凝土流出，模板连接带间距和模板支撑间距要紧密。

（4）钢筋工程。模板工程完成后，要进行钢筋绑扎。钢筋工程中，钢筋的直径、级别、箍筋的间距、搭接长度、弯钩长度等，都要和图纸相符（图 6-4-9）。

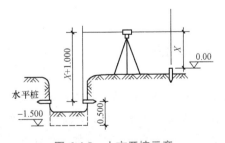

图 6-4-8　土方开挖示意

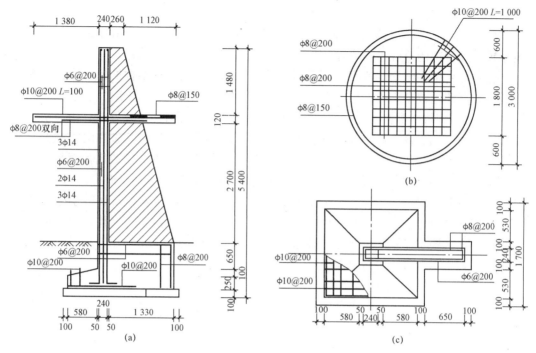

图 6-4-9　配筋示意

(a)立面配筋图；(b)圆顶配筋图；(c)基础配筋图

(5)混凝土柱浇筑。用搅拌好的 C25 混凝土现场浇筑，然后立即对混凝土进行振动，振捣过程中不要漏振。

将混凝土的组成材料，即石子、砂、水泥和水按一定比例均匀拌和，浇筑在所需形状的模板内，经捣实、养护、硬结成亭的柱子。

混凝土强度随龄期的增长而逐渐提高，在正常养护条件下混凝土强度在最初 7～14 d 内发展较快，28 d 接近最大值，以后强度增长缓慢。

(6)亭的装饰及斗拱、亭顶的安装。清理干净浇筑好的混凝土柱身后，用 20 mm 厚 1∶2 砂浆粉底文化石贴面。采用专用塑料花架网格安装成 80 mm×160 mm 的菠萝格，作为亭的顶部结构，再安装 10 mm 厚防水钢化玻璃顶。亭的顶部及斗拱用菠萝格按工程规范制度进行安装，防腐处理后做咖啡色油漆。

💡 知识窗

施工中注意事项

亭的施工不同于一般的园林建筑的施工，其特点是构造和装饰多种多样，坐落的地址复杂多变。所以，除一般建筑施工技术环节外，还要特别注意选料和基础的处理。木质亭用的木料材质干燥程度必须合格，竹亭、石亭用料多取自山林自然界中，要选择优良品种。基础处理要防止冻胀和沉陷，特别是在新堆的土山上建亭，其基础要按规定标准慎重施工。

花架的设计与施工

花架是可供攀爬植物，并供游人遮阴、休憩和观景之用的棚架或格子架。花架在园林中最接近自然，而且也是中国园林特有的一种景观小品，是由室内向室外空间的一种过渡形式，起着亭、廊的作用。花架在现代园林中除供植物攀缘外，有时也取其形式轻盈的特点，以点缀园林建筑的某些墙段或檐头，使之更加活泼。

6.5.1 花架种类和常用材料

1. 花架的种类

花架按材料分类，其种类见表 6-5-1。

表 6-5-1　花架的(材料)种类

材料		说明
人工材料	金属品	铁管、铝管、铜管、不锈钢管均可应用
	水泥制品	水泥、粉光、斩石、洗石、磨石、拟物、清水砖、美术砖、瓷砖、锦砖、玻璃砖等。本身干系以钢筋混凝土制作，表面施以上述材料装饰
	塑胶制品	塑料管、硬质塑胶、玻璃纤维(玻璃钢)
自然材料	木竹绿廊	常用的一种，材质质感轻厚适中，且造型简单，易保养
	树廊	可遮阳的树枝，枝条相交，培育成廊架的形式，如行道树、榕树夹道成形
	石廊	青石、大理石等

2. 常见花架的材料

(1)建筑材料。花架的建筑材料主要用钢筋混凝土预制，当然也有用木材、竹材、石材或钢铁制成的。各种花架形式的处理重点是造型，特别要注意花架与植物的协调性，保持一种自然美的格调。钢筋混凝土梁头一般不做处理，形成悬臂梁的典型式样，平直伸出也简洁大方。一般钢筋混凝土预制的花架要将其表面涂上白色的涂料，如果做成仿木制或仿竹制的形式，则应与原形有相同的色彩。

(2)植物材料。花架上所使用的植物材料有广泛的选择性。原则上讲，只要是能够攀缘的植物均可使用，但必须结合花架的主要用途来选择，如以遮阳为主的花架，可选择枝叶浓密、绿期长且具有一定观赏价值的植物；如果以观赏为主要目的的花架，则应选择具有观花、观果或观叶特性的植物种类。常见的木本植物类型有紫藤、中国地锦、美国地锦、蔷薇、藤本月季、木香、常春藤、葡萄、猕猴桃等，在南方地区还可用叶子花。另外，可选用一些草本植物，如葫芦、南瓜、黄瓜等，在南方地区还可用绿萝、红(绿)宝石等植物材料。但对于独立花架，因其本身具有较高的观赏价值，因此种植的植物应少些，以免植物的枝叶把花架整体全部遮挡起来。

花架上所选择的蔓性攀缘植物一般可分为三类：一是以美观欣赏为目的者，其花朵美丽，叶形及藤蔓姿态优美，如牵牛花、茑萝、蔷薇、紫藤等；二是以遮阴为目的者，其枝叶浓密，兼有花欣赏，如金银花、紫藤、凌霄、木香、常春藤、野牵牛等；三是以实用为目的者，其果实以供人们食用为原则，如丝瓜、苦瓜、豇豆、葡萄、猕猴桃等。

6.5.2 花架的构造

花架平面一般为平顶或拱门形，宽度为 2～5 m，高度则视宽度而定，高与宽之比为 5∶4。绿廊四侧设有柱子，柱子的距离一般为 2.5～3.5 m。柱子按材料，可分为木柱、铁柱、砖柱、石柱、水泥柱等。柱子一般用混凝土做基础，以锚铁连接各部分。如直接将木柱埋入土中者，应将埋入部分用柏油涂抹以防腐。柱子顶端架着枋条，其材料一般为木条，也有用竹竿、铁条者(图 6-5-1～图 6-5-5)。

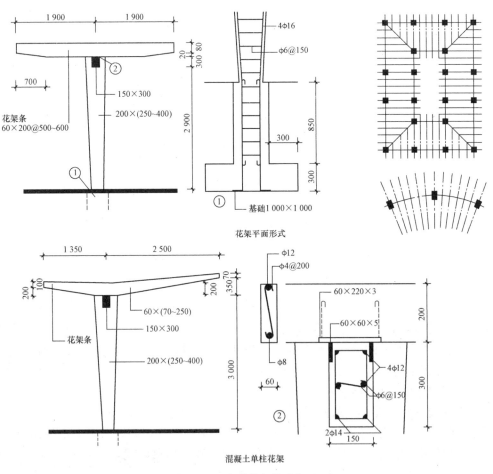

图 6-5-1　小型花架构造(一)

注：1. 花架跨度一般为 2 250～3 000 mm，柱距为 3 000 mm，高度为 2 800～3 400 mm。花架条间距为 400～600 mm；

2. 花架条材料可用竹、木、混凝土或金属。

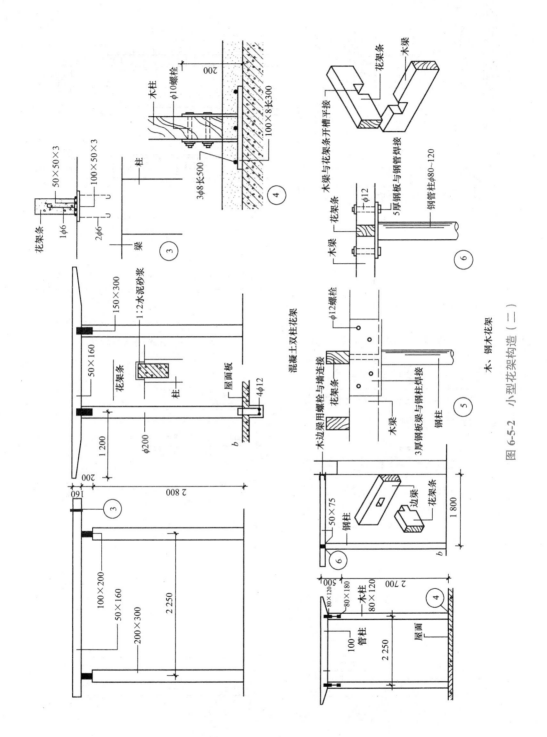

混凝土双柱花架

木、钢木花架

图 6-5-2　小型花架构造（二）

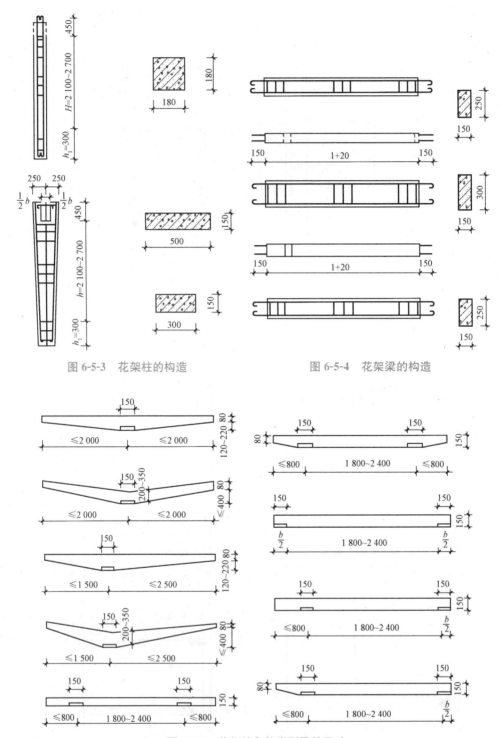

图 6-5-3　花架柱的构造

图 6-5-4　花架梁的构造

图 6-5-5　花架枋条的类型及其尺寸

6.5.3 花架的应用环境

花架在现代园林中除供植物攀缘外，还经常与其他景观小品结合，形成一组内容丰富的小品建筑，如布置坐凳，墙面开设景窗、漏花窗，周围点缀山石，形成新的吸引游人的景点。花架在园林布局时，可根据需要和环境条件设置，一般主要安置在以下几个位置。

(1)在地形起伏处布置花架，花架本身可随地形的变化而变化，形成一种类似山廊的效果。这种花架在远处观赏，具有较好的效果。

(2)环绕花台、水池、山石布置圆形的单挑花架，可为中心的景观提供良好的观赏点，或起到烘托中心主景的作用。

(3)在园林或庭院中的角隅布置花架，可以采取附建式，也可以采取独立式。附建式属于建筑的一部分，是建筑空间的延续，在此布置花架可以起到扩大空间的效果。在功能上除供植物攀缘或设坐凳供游人休息外，也可以起装饰作用。如果花架半边沿着墙面来设置，还可以在墙面上开设一些漏窗，使其更富有情趣，同时也对封闭或开敞的空间起到良好的划分作用，造园趣味类似半边廊。

(4)与亭廊、大门结合，形成一组内容丰富的建筑小品，使之更加活泼和具有园林的特色。在现代园林中，花架这一小品形式十分常见。

6.5.4 花架的施工程序及方法

1. 定点放线

根据设计图和地面坐标系统的对应关系，用测量仪器把花架的位置和边线测放到地面上。

2. 基础处理及柱身浇筑

根据放线，在比外边缘宽 20 cm 左右挖好槽之后，首先用素土夯实，有松软处要进行加固，不得留下不均匀沉降的隐患。再用 150 mm 厚级配三合土做垫层，基层以 100 mm 厚的 C20 素混凝土和 120 mm 厚的 C15 垫层做好，再用 C20 钢筋混凝土做基础。最后，安装模板浇筑下为 460 mm×460 mm、上为 300 mm×300 mm 的钢筋混凝土柱子。

将混凝土的组成材料，即石子、砂、水泥和水按一定比例均匀拌和，浇筑在所需形状的模板内，经捣实、养护、硬结成花架的柱子。

混凝土强度随龄期的增长而逐渐提高，在正常养护条件下混凝土强度在最初 7～14 d 内发展较快，28 d 接近最大值，以后强度增长缓慢。

3. 柱身装饰及花架顶部构成

清理干净浇筑好的混凝土柱身后，用 20 mm 厚 1∶2 砂浆粉底文化石贴面。采用专用塑料花架网格安装成 120 mm×360 mm 的菠萝格，作为花架的顶部结构。

花架的施工注意事项

在安装花架时应注意：准确定位放线；施工人员要认真熟悉、掌握图纸，注意基础深度，同时不影响综合管网；为了操作方便，一般临时装配，随时调整误差；调整锚栓尺寸，锚栓的位置要标出；锚栓和混凝土同时施工；木材要注意做防腐处理；施工过程及施工完成后，要注意安全及养护。

任务实施

任务实施计划书

学习领域	园林工程施工		
学习情境6	园林建筑小品工程	学时	
计划方式	小组讨论、成员之间团结合作，共同制订计划		
序号	实施步骤		使用资源
制订计划说明			
计划评价	班级		第　　组	组长签字	
	教师签字			日期	

任务实施决策单

学习领域	园林工程施工						
学习情境 6	园林建筑小品工程				学时		
方案讨论							
方案对比	组号	任务耗时	任务耗材	实现功能	实施难度	安全可靠性	环保性	综合评价
	1							
	2							
	3							
	4							
	5							
	6							
方案评价	评语：							

班级		组长签字		教师签字		日期	

任务实施材料及工具清单

学习领域	园林工程施工						
学习情境 6	园林建筑小品工程				学时		
项目	序号	名称	作用	数量	型号	使用前	使用后
所用仪器仪表	1						
	2						
所用材料	1						
	2						
	3						
	4						
所用工具	1						
	2						
	3						
	4						
	5						
	6						

班级		第　　组	组长签字			教师签字	

任务实施作业单

学习领域	园林工程施工		
学习情境 6	园林建筑小品工程	学时	
实施方式	学生独立完成、教师指导		
序号	实施步骤		使用资源
1			
2			
3			
4			
5			
6			
实施说明：			
班级		第　组	组长签字	
教师签字			日期	

任务实施作业单

学习领域	园林工程施工			
学习情境 6	园林建筑小品工程	学时		
作业方式	资料查询、现场操作			
序号	实施步骤		使用资源	
1				
作业解答：				
2				
作业解答：				
3				
作业解答：				
4				
作业解答：				
5				
作业解答：				
作业评价	班级		第　组	
	学号		姓名	
	教师签字		教学评分	日期
	评语：			

学习领域	园林工程施工			
学习情境 6	园林建筑小品工程		学时	
序号	检查项目	检查标准	学生自检	教师检查
1				
2				
3				
4				
5				
6				
7				
8				
9				
10				
11				
12				
13				
检查评价	班级		第　　组	组长签字	
	教师签字			日期	
	评语：				

学习评价单

学习领域	园林工程施工					
学习情境 6	园林建筑小品工程			学时		
评价类别	项目	子项目	个人评价	组内互评	教师评价
专业能力(60%)	资讯(10%)	收集信息(5%)			
		引导问题回答(5%)			
	计划(10%)	计划可执行度(5%)			
		设备材料工、量具安排(5%)			
	实施(15%)	工作步骤执行(5%)			
		功能实现(3%)			
		质量管理(3%)			
		安全保护(2%)			
		环境保护(2%)			
	检查(5%)	全面性、准确性(3%)			
		异常情况排除(2%)			
	过程(10%)	使用工、量具规范性(5%)			
		操作过程规范性(5%)			
	结果(10%)	结果质量(10%)			
社会能力(20%)	团结协作(10%)	小组成员合作良好(5%)			
		对小组的贡献(5%)			
	敬业精神(10%)	学习纪律性(5%)			
		爱岗敬业、吃苦耐劳精神(5%)			
方法能力(20%)	计划能力(10%)	考虑全面(5%)			
		细致有序(5%)			
	实施能力(10%)	方法正确(5%)			
		选择合理(5%)			

	班级		姓名		学号		总评	
	教师签字		第 组	组长签字			日期	
评价评语	评语:							

学习领域	园林工程施工			
学习情境6	园林建筑小品工程		学时	
	序号	调查内容	是	否	理由陈述
	1				
	2				
	3				
	4				
	5				
	6				
	7				
	8				
	9				
	10				
	11				
	12				
	13				
	14				
你的意见对改进教学非常重要，请写出你的建议和意见：				
调查信息	被调查人签名		调查时间	

※ 学习小结

园林小品是园林中供休息、装饰、照明、展示和为园林管理及方便游人之用的小型建筑设施。一般没有内部空间，体量小巧，造型别致。园林小品既能美化环境，丰富园趣，为游人提供文化休息和公共活动的方便，又能使游人从中获得美的感受和良好的教益。本学习情境主要介绍硬质景管材料的认识、花坛的设计与施工、景墙的设计与施工、亭的设计与施工、花架的设计与施工。

※ 学习检测

一、简答题

（1）简述花坛设计和花坛施工。

（2）简述景墙的作用及景墙的施工工艺。

(3)简述亭的设计要求与应用环境。

(4)简述亭的施工程序和施工方法。

(5)简述花架的施工程序及方法。

二、实训题

园林建筑小品施工设计实训。

(1)实训目的。掌握园林建筑小品施工图的绘制方法；明确园林建筑常用材质。

(2)实训方法。学生以小组为单位，进行场地实测、施工图设计、备料和放线施工。

(3)实训步骤。

1)绘制景亭的建筑施工图；

2)绘制当地常见园林小品建筑施工图。

学习情境7　假山工程

学习任务清单

学习领域	园林工程施工		
学习情境7	假山工程	学时	
布置任务			
学习目标	1. 掌握假山的功能和类型。 2. 掌握山石材料。 3. 掌握塑山的施工过程。		
能力目标	1. 能进行假山设计。 2. 能进行假山施工。		
素养目标	热爱本职工作，不断提高自己的技能；传达正确而准确的信息；工作有条理、诚实、精细。		
任务描述	依据所学假山工程知识，完成某公园假山工程设计，并进行假山模型制作。 具体任务要求如下： 1. 假山整体设计。完成假山设计平面图、四个方位的立面图。 2. 假山结构设计。完成假山结构大样图。 3. 假山模型制作。利用泡沫塑料板或其他材料完成假山模型制作。		
对学生的要求	1. 掌握墙体砌筑和装饰的施工方法。 2. 掌握花坛和景墙的设计及其施工方法。 3. 掌握园林建筑小品工程施工工艺流程和施工技术要点。 4. 能指挥园林机械和现场施工人员进行竖向施工，并能规范操作，安全施工。 5. 必须认真填写施工日志，园林建筑小品工程施工步骤要完整。 6. 上课时必须穿工作服，并戴安全帽，不得穿拖鞋。 7. 严格遵守课堂纪律和工作纪律，不迟到、不早退、不旷课。 8. 应树立职业意识，并按照企业的"6S"(整理、整顿、清扫、清洁、素养、安全)质量管理体系要求自己。 9. 本情境工作任务完成后，须提交学习体会报告，要求另附。		

学习领域	园林工程施工		
学习情境7	假山工程	学时	
资讯方式	在资料角、图书馆、专业杂志、互联网及信息单上查询问题；咨询任课教师。		
资讯问题	1. 假山山顶造型有哪些形式？ 2. 置石有什么用途？置石的布置形式有哪些？ 3. 假山的功能有哪些？ 4. 假山有哪些类型？山石材料有哪些？ 5. 假山洞的结构有几种？ 6. 假山基础的做法一般有哪几种？ 7. 试述假山施工工序。 8. 假山的结构从上至下可分为几层？ 9. 假山起脚边线的做法有哪些？做脚的形式有哪些？ 10. 制作假山立体结构造型的基本方法有哪些？ 11. 山石结构的基本形式有哪些？请用图示之。 12. 塑山有哪几种类型？		

7.1

假山与置石设计

7.1.1 假山和置石的概念、作用和类型

1. 假山和置石的概念

人们通常所说的园林山石实际上包括假山和置石两个部分。

假山是以造景游览为主要目的，以土、石等为材料，以自然山水为蓝本并加以艺术的提炼和夸张，对人工再造的山水景物的通称。

置石是以山石为材料，做独立性或附属性的造景布置，主要表现山石的个体美或局部等的组合，而不具备完整的山形。

2. 假山的作用

(1)作为自然山水园林的主景和地形骨架。如金代在太液池中用土石相间的手法堆叠的琼华岛(今北京北海的白塔山)、明代南京徐达王府的西园(今南京的瞻园)、明代所建今上海的豫园、清代扬州的个园和苏州的环秀山庄等，这些山水园的总体布局都是以山为主、以水为辅，其中建筑并不一定占主要地位。这类园林实际上是假山园林。

(2)作为园林划分空间和组织空间的手段。用假山组织空间还可以结合障景、对景、背景、框景、夹景等手法灵活运用。例如，清代所建北京的圆明园、颐和园的某些局部，苏州的网师园、拙政园某些局部，承德的避暑山庄等。

(3)运用山石小品作为点缀园林空间和陪衬建筑、植物的手段。苏州留园东部庭院的空间基本上用山石和植物装饰。有的以山石作花台，或以石峰凌空，或借粉墙前散置，或以竹、石结合，作为廊间转折的小空间和窗外的对景。

(4)用山石作驳岸、挡土墙、护坡和花台等。在坡度较陡的土山坡地常散置山石作护坡。这些山石可以阻挡和分散地面径流，降低地面径流的流速，从而减少水土流失。例如，北海琼华岛南山部分的群置山石、颐和园龙王庙土山上的散点山石等，都具有减少冲刷的作用。

(5)作为室内外自然式的家具或器设。

3. 假山的类型

(1)按堆山的主要材料，可将假山分为土山、带石土山、带土石山和石山四类。

1)土山。土山是以泥土作为基本堆山材料，在陡坎、陡坡处可有块石作护坡、挡土墙或磴道，但不用自然山石在山上造景。这种类型的假山占地面积往往很大，是构成园林基本地形和基本景观背景的重要构造因素。

2)带石土山。带石土山的主要堆山材料是泥土，是在土山的山坡、山脚点缀岩石，在陡坎或山顶部分用自然山石堆砌成悬崖绝壁景观，一般还有以山石做成的梯级磴道。带石土山可以做得比较高，但其用地面积却较少，多用在较大的庭园中。

3)带土石山。带土石山的山体从外观看，主要由自然山石造成，山石多用在山体的表面，由石山墙体围成假山的基本形状，墙后则用泥土填实。这种土石结合成露石不露土的假山，占地面积较小，但山的特征最为突出，适于营造奇峰、悬崖、深峡、崇山峻岭等多种山地景观。

4)石山。石山的堆山材料主要是自然山石，只在石间空隙处填土配植植物。石山造价较高，堆山规模若比较大，则工程费用十分可观。因此，这种假山一般规模都比较小，主要用在庭院、水池等空间比较闭合的环境中，或者作为瀑布、滴泉的山体应用。

（2）按景观特征分，可将假山分为仿真型、写意型、透漏型、实用型、盆景型五类，如图7-1-1所示。

(a)

(b)

(c)

(d)

假山材料

(e)

(f)

(g)

图7-1-1　假山的类型

(a)、(b)仿真型；(c)写意型；(d)透漏型；(e)、(f)实用型；(g)盆景型

1)仿真型：这种假山的造型是模仿真实的自然山形，山景如同真山一般。峰、崖、岭、谷、洞、壑的形象都按照自然山形塑造，能够以假乱真，达到"虽由人作，宛如天开"的景观效果。

2)写意型：其山景也具有一些自然山形特征，但需经过明显的夸张处理。在塑造山形时，特意夸张了山体的动势、山形的变异和山景的寓意，而不再以真山山形为造景的主要依据。

3)透漏型：山景基本上没有自然山形的特征，而是由很多穿眼嵌空的奇形怪石堆叠成可游、可行、可攀登的石山地。山体中洞穴、孔眼密布，透漏特征明显，身在其中，也能感到一些山底境界。

4)实用型：这类假山既可有自然山形特征，也可没有自然山形特征，其造型多数是一些庭院实用品的形象，如庭院山石门、山石屏风、山石墙、山石楼梯等。在现代公园中，也常把工具房、配电房、厕所等附属小型建筑掩藏于假山内部。这种在山内藏有功能性建筑的假山，也属于实用型假山。

5)盆景型：在有的园林露地庭园中，还布置了大型的山水盆景。盆景中的山水景观大多数都按照真山真水形象塑造，而且还有显著的小中见大的艺术效果，能够让人领会到咫尺千里的山水意境。

💡 知识窗

假山选石

(1)选石的步骤：需要选主峰或孤立小山峰的峰顶石、悬崖崖头石、山洞洞口用石；选留假山山体向前凸出部位的用石和山前、山旁显著位置上的用石，以及土山山坡上的石景用石等；应将一些重要的结构用石选好；其他部位的用石。

(2)选石顺序：先头后底、先表后里、先正面后背面、先大处后细部、先特征后一般、先洞口后洞中、先竖立部分后平放部分。

(3)影响选石的因素：包括山石尺度、石形、皱纹、石态、石质、颜色等。

7.1.2 假山设计

堆叠假山是运用概括、提炼的手法，营造园林中苍郁的山林气氛，所造之山的尺度虽较真山大大缩小，但力求体现自然山峦的形态和神韵，追求艺术上的真实感，从而使园林具有源于自然而又高于自然的意趣。

7.1.2.1 整体构思

筑山的重要原则是"师法自然"，所以对于叠山，要把山叠得好，就必须处理好真假的关系，即计成的《园冶》中所谓"有真有假，作假成真"。"作假成真"的手法可归纳为以下几点：

(1)山水结合，相映成趣。

（2）相地合宜，造山得体。

（3）巧于因借，混假于真。

（4）独立端严，次相辅弼。

（5）三远变化，移步换景。

（6）远观山势，近看石质。

（7）寓情于石，情景交融。

7.1.2.2　假山的空间构图

假山的空间构图常用以下三种方法：

（1）中央置景：将主景山按中轴线布置。

（2）侧旁布置：主山布置在中央，客山在一侧。

（3）周边布置：在封闭或半封闭小空间的庭院中做周边布置，营造山脉连绵不断的意境。

7.1.2.3　假山的平面设计

假山的平面基本构图法包括三点构图、四点构图和五点构图，如图 7-1-2 所示。

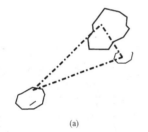 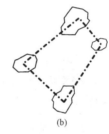 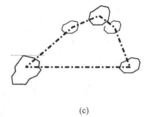

（a）　　　　　　　　　　（b）　　　　　　　　　　（c）

图 7-1-2　假山平面基本构图法

（a）三点构图；（b）四点构图；（c）五点构图

7.1.2.4　假山的立面设计

立面构图采用均衡补偿原则，运用三角形重心分析法，造成稳中求变的效果，以获得动势美感。假山立面构图要点如下：

（1）体：指空间体型的规律性与变化性。

（2）面：指围成体型空间的各个面的处理，要强调岩层节理的变化。

（3）线：指假山的外形轮廓线。

（4）纹：指假山的局部块体的纹线节理。

（5）影：指光照后阴影明暗面与空间凹凸关系的概括。

（6）色：指假山石材的色彩。

7.1.2.5　假山的结构设计

1. 假山的立体结构形式

（1）环透式结构。采用环透结构的假山，其山体孔洞密布，穿眼嵌空，显得玲珑剔透。这种造型与其造山石材和造山手法相关。在叠山手法上，为了突出太湖石类的环透特征，一般多采用拱、斗、卡、安、搭、连、飘、扭曲、做眼等手法。

(2)层叠式结构。假山结构若采用层叠式，则假山立面的形象就具有丰富的层次感，一层层山石叠砌为山体，山形朝横向伸展，或敦实厚重，或轻盈飞动，容易获得多种生动的艺术效果。在叠山方式上，层叠式假山又可分为水平层叠和斜面层叠两种。

(3)竖立式结构。这种结构形式可以造成假山挺拔、雄伟、高大的艺术形象。山石全部采用立式砌叠，山体内外的沟槽及山体表面的主导皱纹线，都是从下至上竖立的，因此，整个山势呈向上伸展的状态。

根据山体结构的不同，竖立式结构又可分为直立结构与斜立结构两种。

(4)填充式结构。一般的土山、带土石山和个别的石山，或者在假山的某一局部山体中，都可以采用填充式结构形式。这种假山的山体内部由泥土、废砖石或混凝土材料填充起来，因此，其结构上的最大特点就是填充的做法。

按填充材料及其功能的不同，可将填充式假山结构分为填土结构、砖石填充结构和混凝土填充结构。

假山的立体结构形式如图 7-1-3 所示。

图 7-1-3　假山的立体结构形式
(a)环透式假山；(b)层叠式假山；(c)竖立式假山

2. 山石结构的基本形式

北京"山子张"张蔚庭老先生曾经对山石结构的基本形式总结过"十字诀"，即安、连、接、斗、挎、拼、悬、剑、卡、垂。后又增加了"五字诀"，即挑、券、撑、托、榫，如图 7-1-4 所示。

图 7-1-4　山石结构的基本形式

（1）安。安置山石的总称，即将一块山石平放在一块或几块山石之上的叠石方法。另外，安还有安置、安稳的意思。安的手法包括单安、双安、三安，如图 7-1-5 所示。

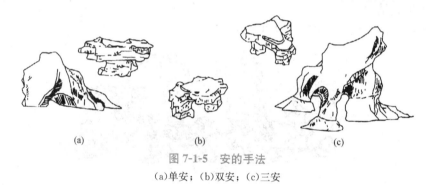

图 7-1-5　安的手法

(a)单安；(b)双安；(c)三安

（2）连。山石之间水平向衔接称为连，不仅产生前后、左右参差错落的变化，同时又要符合皴纹分布的规律，如图 7-1-6(a)所示。

（3）接。山石之间竖向衔接称为接，如图 7-1-6(b)所示。

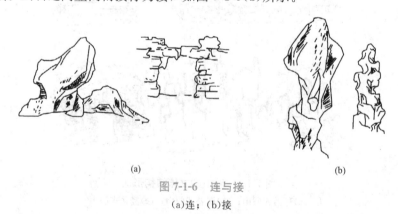

图 7-1-6　连与接

(a)连；(b)接

（4）斗。以两块分离的山石为底脚，两者顶部相互内靠，并在两者之间安置一块连接石，连接石可为拱形山石，这种上拱下空的山石连接手法称为斗，如图 7-1-7(a)所示。

（5）挎。如山石某一侧面过于平滞，可以旁挎一石以全其美，称为挎。挎石可利用槎口咬压或上层镇压来稳定，如图7-1-7（b）所示。

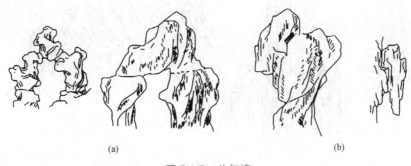

图 7-1-7　斗与挎

（a）斗；（b）挎

（6）拼。在比较大的空间里，因石材太小，单独安置会感到零碎时，可以将数块以至数十块山石拼成一整块山石的形象，这种做法称为拼，如图7-1-8（a）所示。

（7）悬。在下层山石内倾环拱形成的竖向洞口下，插进一块上大下小的长条形的山石。由于上端被洞口扣住，下面便可倒悬当空。此种做法多用于湖石类的山石模仿自然钟乳石的景观，如图7-1-8（b）所示。

图 7-1-8　拼与悬

（a）拼；（b）悬

（8）剑。以竖向形象取胜的山石，直立如剑的做法。峭拔挺立，有刺破青天之势。该做法多用于各种石笋或其他竖长的山石，如图7-1-9（a）所示。

（9）卡。下层由两块山石对峙形成上大下小的楔口，再于楔口中插入一上大下小的山石，这样更正好卡于楔口中使其自稳。卡进去的石块体量小，重心在山石两侧，如图7-1-9（b）所示。

（10）垂。从一块山石顶面偏侧部位的企口处，用另一块山石倒垂下来的做法称为垂，如图7-1-10（a）所示。

注：垂和悬的区别为侧边与中部悬挂；垂和挎的区别为顶部和肩部侧挂。

（11）撑。撑或称为戗，即用斜撑的力量来稳固山石的做法。要选取适合的支撑点，使加撑后在外观上形成脉络相连的整体，如图7-1-10（b）所示。

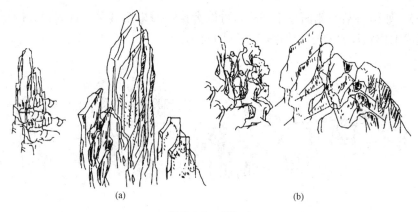

图 7-1-9　剑与卡

(a)剑；(b)卡

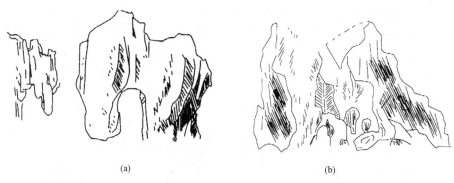

图 7-1-10　垂与撑

(a)垂；(b)撑

(12)挑。挑又称出挑，即用较长的山石横向伸出，悬挑于其下石之外的做法。这需数倍重力镇压于石山内侧，如图 7-1-11 所示。

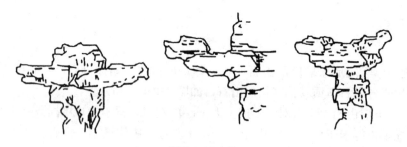

图 7-1-11　挑

3. 基础结构设计

假山的结构从下至上可分为三层，即基础、中层和收顶。

基础可分为天然基础和人工基础。人工基础又可分为以下几类：

(1)桩基础。桩为 10～15 cm 的直径，1 m 长，20 cm 的间距，范围为假山底的范围[图 7-1-12(a)]。

（2）灰土基础。适合于北方假山的基础做法。灰土基础应大于假山底面宽度的 0.5 m 以上，"宽打窄用"，灰槽深度一般为 50～60 cm，灰土厚度为 10～20 cm[图 7-1-12(b)]。

（3）混凝土基础。现代常见做法，耐压强度大、施工快。素土槽现浇，厚度为 10～20 cm。假山基础结构设计如图 7-1-12(c)所示。

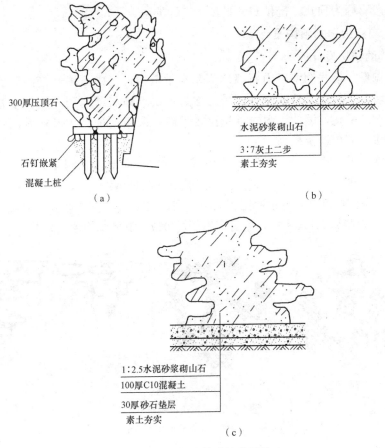

图 7-1-12　假山基础结构设计
(a)柱基础；(b)灰土基础；(c)混凝土基础

4. 底层结构设计

在基础上铺砌一层自然山石，术语称为拉底。

(1)拉底的设计应注意统筹向背和断续相间两个方面。

(2)拉底在施工时应注意石材种类和大小的选择、咬合榫口、石底垫平。

5. 中层结构设计

中层即底石以上，顶层以下的部分。这是占体量最大、触目最多的部分，用材广泛，单元组合和结构变化多样，可以说是假山造型的主要部分。

(1)接石压槎：避槎。

(2)偏侧错安：避免对称。

(3)仄立避"闸"：避免仄立。

(4)等分平衡：避免中心外移。

6. 收顶结构设计

收顶结构设计即处理假山最顶层的山石。从结构上讲，要求收顶的山石体量大，以便合凑收压。从外观上看，顶层的体量虽不如中层的大，但有画龙点睛的作用，因此，要选用轮廓和体态都富有特征的山石。

收顶一般有峰为顶式、峦顶式和平顶式三种类型。

7. 假山内部山洞的结构设计

(1)洞壁的结构设计。

1)墙式洞壁。墙式洞壁以山石墙体为基本承重构件。山石墙体是用假山石砌筑的不规则石山墙。其优点是整体性好、受力均匀；缺点是洞壁内表面比较平整，不易做出大幅度的凹凸变化，因此，洞内景观比较平淡；采用这种结构形式做洞壁，所需石材总量比较多，假山造价稍高。

2)墙柱式洞壁。由洞柱和柱间墙体构成的洞壁，即墙柱式洞壁。其中，洞柱有连墙柱和独立柱两种。独立柱有直立石柱和层叠石柱两种做法。

墙柱式洞壁的优点是洞道布置比较灵活、回转自如，间壁墙可以相对减薄，节省石料；缺点是洞顶结构若处理不好，容易产生倒塌事故。洞壁结构形式如图7-1-13所示。

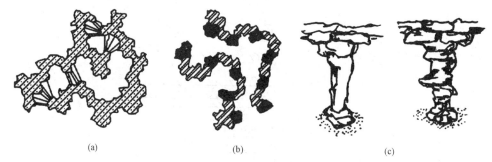

图7-1-13　洞壁结构形式

(a)墙式洞壁；(b)墙柱组合洞壁；(c)柱子叠砌方式

(2)洞顶的结构设计。

1)盖梁式洞顶。即用比较好的山石作梁或石板，将其两端搁置在洞柱或洞墙上，成为洞顶承载盖梁。

盖梁式洞顶优缺点：这种结构简单、施工容易，稳定性也较好，是山洞常采用的一种构造。但由于受石梁长度的限制，山洞不能做得太宽。

盖梁式洞顶的类型：根据石长和洞宽可采用单梁式、双梁式、丁字梁式、三角梁式、井字梁式和藻井梁式，如图7-1-14所示。

2)挑梁式洞顶。即从洞壁两边向中间逐层选挑，合拢成顶。这种结构可根据洞道宽窄灵活运用。挑梁式洞顶如图7-1-15(a)所示。

3)拱券式洞顶。即选用楔榫形的山石砌成拱券。这种结构比较牢固，能承受较大压力，也比较自然协调，但施工较为复杂。拱券式洞顶如图7-1-15(b)所示。图7-1-16所示为某居住小区自然假山工程图。

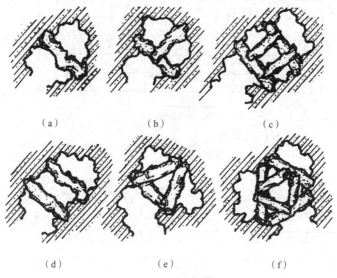

图 7-1-14　盖梁式洞顶类型

(a)单梁；(b)丁字梁；(c)井字梁；(d)双壁梁；(e)三角梁；(f)藻井梁

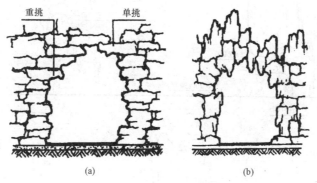

图 7-1-15　洞顶挑梁与拱券

(a)挑梁式洞顶的两种做法；(b)拱券式洞顶的做法

7.1.3　置石设计

使用一些山石零散地布置成独立的或附属的各种造景，称为置石或石景。

1. 置石的用途

(1)用作山石花台、树台。

(2)用作园林建筑的一部分，如梯级、蹲配、抱角、镶隅等(图 7-1-17)。

(3)用作墙边檐下点石成景，配以花竹，可以丰富景园，如林下之拙石、梅边之古石、竹旁之瘦石等。

(4)用作山石器设，如石屏风、石桌、石几、石凳等。

(5)其他用途，如动物象形石等。

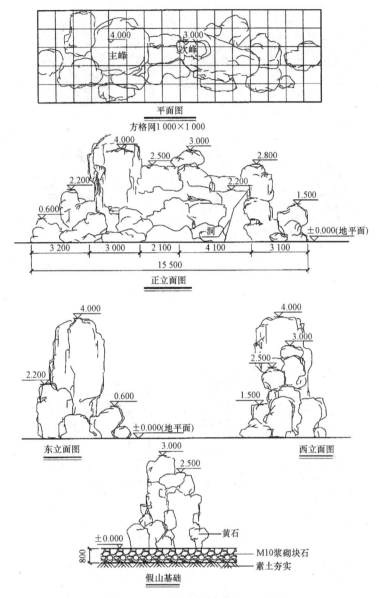

图 7-1-16　某居住小区自然假山工程图

图 7-1-17　抱角和镶隅

2. 置石的形态设计

(1)子母石。子母石是以一块大石附带几块小石块为一组所形成的一种石景。它可布置在草坪上、山坡上、水池中、树林边等，如图 7-1-18(a)所示。

(2)散兵石。散兵石是以几块自然山石为一组进行分散布置而成的一种石景。它常布置在草丛中、山坡下、水池边、树根旁等，如图 7-1-18(b)所示。

(3)单峰石。单峰石是由具有"瘦、皱、漏、透"等特点的怪石所做成的一块较大的独立石景。它可作为主景，应固定在基座上，如图 7-1-18(c)所示。

(4)象形石。象形石是选用具有某种天然动物、植物、器物等形象的山石所塑造的石景，如图 7-1-18(d)所示。

(5)石供石。石供石是专门选取具有陈列、观赏和使用价值，各种奇特形状或色彩晶莹的"玩石"所作的石景，如图 7-1-18(e)所示。

图 7-1-18　置石的形态设计

(a)子母石；(b)散兵石；(c)单峰石；(d)象形石；(e)石供石

3. 置石的方式

(1)特置。特置又称孤置、立峰，是将形状奇特，具有一定观赏价值的单块山石，放置在可供观赏或起陪衬作用之处的一种布置方式。常用作园林入口的障景和对景，也可置于廊间、亭下、水边，作为空间的聚焦中心，如图 7-1-19(a)、(b)所示。

(2)对置。在建筑物前两旁对称地立置两块山石，以点缀环境、丰富景色，如图 7-1-19(c)所示。

(3)散置。将大小不等的山石，零星地布置成有散有聚、有立有卧、主次分明、顾盼呼应的一组有机整体的一种布置方式，如图 7-1-19(d)所示。散置又称散点，按体量不同，又可分为大散点和小散点。

(4)群置。群置又称"大散点"。若干山石以较大的密度有聚有散地布置成一群，石群内各山石相互联系、相互呼应、关系协调，这样的置石方式就是群置。在一群山石中可以包含若干个石丛，每个石丛则分别由 3 块、5 块、7 块、9 块山石构成。一个石丛实际上就是一组子母石，如图 7-1-19(e)所示。

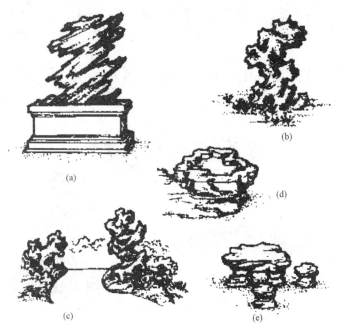

图 7-1-19　石景的四种布置方式

(a)特置；(b)孤置；(c)对置；(d)散置；(e)群置

4. 安放置石

(1)平面组合：在处理两块或三块石头的组合时，应注意石组连线，不能平行或垂直于视线方向。三块石以上的石组排列需呈斜三角形，不能呈直线排列。平面组合如图 7-1-20 所示。

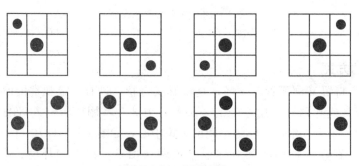

图 7-1-20　平面组合

（2）立面组合：不能把石块放置在同一高度，力求多样化，并赋予其自然特性。两块石头的组合应该是一高一低，两块以上的石堆应与石头的顶点构成一个三角形组合。

（3）三块以上石头的组合，常采用奇数的石头成群组合，如3块、5块、7块。

（4）置石放置，力求平衡稳定，给人以宽松自然的感觉，每块石头应埋入水中或土壤中。

（5）置石一般安排在景园视线的焦点位置上，起点睛作用，同时会有景深感。

（6）每块石头都会有一个最佳的观赏面。确定最佳观赏面，能够取得置石的最佳观赏效果。石组中各石头的最佳观赏面均应朝向主要的视线方向。

与园林建筑结合
的山石布置

7.2

假山施工

假山施工工艺流程：选石→采运→相石→立基→拉底→堆叠中层→结顶。

7.2.1 假山定位放线

（1）审阅图纸。首先，看懂假山工程施工图纸，掌握山体形式和基础的结构，以便正确放样；其次，为了便于放样，要在平面图上按一定的比例尺寸，依工程大小或平面布置复杂程度，采用2 m×2 m、5 m×5 m、10 m×10 m的尺寸画出方格网，以该方格与山脚轮廓线的交点作为地面放样的依据。

（2）实地放样。在设计图方格网上，首先，选择一个与地面有参照的可靠固定点，作为放样定位点；然后，以此点为基点，按实际尺寸在地面上画出方格网；对应图纸上的方格和山脚轮廓线的位置，画出地面上的相应白灰轮廓线。

7.2.2 假山基础的施工

假山基础有浅基础、深基础、桩基础等。

（1）浅基础的施工。其施工程序：原土夯实→铺筑垫层→砌筑基础。

浅基础一般是在原地面上经夯实后砌筑的基础。此种基础应事先将地面进行平整，清除高垄，填平凹坑；然后进行夯实；再铺筑垫层和基础。

（2）深基础的施工。其施工程序：挖土→夯实整平→铺筑垫层→砌筑基础。

深基础是将基础埋入地面以下的基础，应按基础尺寸进行挖土，严格掌握挖土深度和宽度，一般假山基础的挖土深度为50~80 cm，基础宽度多为山脚线向外50 cm，土方挖完后夯实整平，然后按设计铺筑垫层和砌筑基础。

（3）桩基础的施工。其施工程序：打桩→整理桩头→填塞桩间垫层→浇筑桩顶盖板。

桩基础多为短木桩或混凝土桩打入土中而成。在桩打好后，应将打毛的桩头锯掉，再按设计要求，铺筑桩之间的空隙垫层并夯实；然后，浇筑混凝土桩顶盖板，或浆砌块石盖板，要求浇实灌足。

7.2.3 假山山脚施工

假山山脚是直接落在基础之上的山体底层。其施工程序为拉底、起脚和做脚。

（1）拉底。拉底是指用山石做出假山底层山脚线的石砌层。拉底的方式有满拉底和线拉底两种。

1）满拉底是将山脚线范围内用山石满铺一层。这种方式适用于规模较小、山底面积不大的假山，适用于有冻胀破坏的北方地区及有振动破坏的地区。

2）线拉底是按山脚线的周边铺砌山石，而内空部分用乱石、碎石、泥土等填补筑实。这种方式适用于底面积较大的大型假山。

（2）起脚。拉底之后，开始砌筑假山山体的首层山石层，叫作起脚。常用的起脚边线的做法有点脚法、连脚法和块面法，如图 7-2-1 所示。

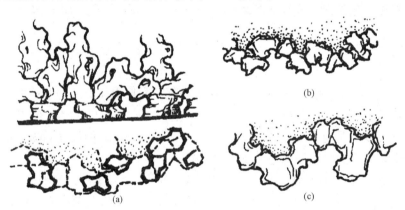

图 7-2-1　起脚边线的做法
(a)点脚法；(b)连脚法；(c)块面法

💡 知识窗

起脚时，定点、摆线要准确。先选出山脚凸出点所需的山石，并将其沿着山脚线先砌筑上，待多数主要的凸出点山石都砌筑好了，再选择和砌筑平直线、凹进线处所用的山石。这样，既保证了山脚线按照设计而呈弯曲转折状，避免山脚平直的毛病，又使山脚凸出部位具有最佳的形状和最好的皴纹，增加了山脚部分的景观效果。

（3）做脚。做脚是对山脚的装饰，即用山石装点山脚的造型。山脚造型一般是在假山山体的山势大体完成之后所进行的一种装饰，其形式有凹进脚、凸出脚、断连脚、承上脚、悬底脚和平板脚等。山脚的造型如图 7-2-2 所示。

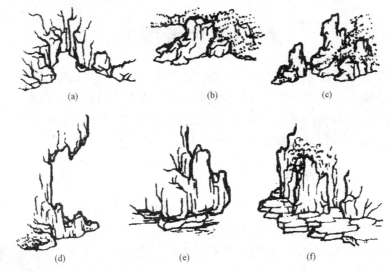

图 7-2-2　山脚的造型

(a)凹进脚；(b)凸出脚；(c)断连脚；(d)承上脚；(e)悬底脚；(f)平板脚

假山施工完成后要用铁件进行假山山石固定。各类铁件如图 7-2-3 所示。

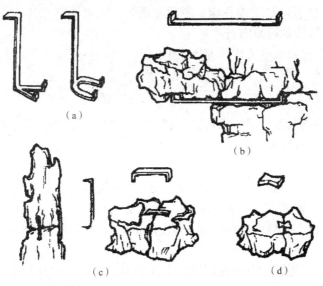

图 7-2-3　铁件

(a)铁吊架；(b)铁扁担；(c)铁爬钉；(d)银锭扣

塑山设计与施工

塑山、塑石通常有两种做法：一是钢筋混凝土塑山；二是砖石混凝土塑山，也可以将两者混合使用。塑山、塑石与那些气势磅礴、富有力感的大型山水和巨大奇石与天然岩石相比，优点是自重轻、施工灵活、受环境影响较小，可按理想预留种植穴。因此，它们为设计创造了广阔的空间。

7.3.1 塑山工艺的特点

（1）可以塑造较理想的艺术形象——雄伟、磅礴、富有力感的山石景，特别是能塑造难以采运和堆叠的巨型奇石。这种艺术造型较易与现代建筑相协调。另外，还可通过仿造，表现黄蜡石、英石、太湖石等不同石材所具有的风格。

（2）可以在非产石地区布置山石景，可利用价格较低的材料，如砖、砂、水泥等。

（3）施工灵活方便，不受地形、地物限制。在质量很大的巨型山石不宜进入的地方，如室内花园、屋顶花园等，仍可塑造出壳体结构的、自重较轻的巨型山石。

人工塑造山石
的分类

（4）可以预留位置栽培植物，进行绿化。

7.3.2 塑山设计

（1）基础。根据基地土壤的承载能力和山体的质量，经过计算确定其尺寸大小。通常的做法是根据山体底面的轮廓线，每隔 4 m 做一根钢筋混凝土柱基，如山体形状变化大，则对局部柱子加密，并在柱间做墙。

（2）立钢骨架。它包括浇筑钢筋混凝土柱子、焊接钢骨架、捆扎造型钢筋和盖钢板网等。其中，造型钢筋和盖钢板网是塑山效果的关键之一，目的是造型和挂泥之用。钢筋要根据山形做出自然凹凸的变化。盖钢板网时，一定要与造型钢筋贴紧扎牢，不能有浮动现象。

（3）面层批塑。先打底，即在钢筋网上抹灰两遍，材料配比为水泥＋黄泥＋麻刀。其中，水泥：砂为 1:2，黄泥为总质量的 10%，麻刀适量。砂浆拌和必须均匀，随用随拌，存放时间不宜超过 1 h，初凝后的砂浆不能继续使用。

（4）表面修饰。在塑面水分未干透时进行，基本色调用颜料粉和水泥加水搅拌均匀，逐层洒染。在石缝孔洞或阴角部位略洒稍深的色调，待塑面九成干时，在凹陷处洒上少许绿色、黑色或白色等大小、疏密不同的斑点，以增强立体感和自然感。人工塑山的构造如图 7-3-1 所示。

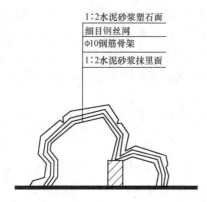
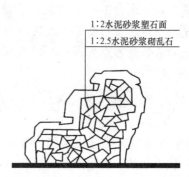

图 7-3-1 人工塑山的构造

1. 塑山施工的工艺流程

(1)砖骨架塑山。其施工工艺流程：放线→挖土方→做基础→浇混凝土垫层→做砖骨架→打底→造型→面层批荡、上色修饰→成型。

(2)钢骨架塑山。其施工工艺流程：放线→挖土方→做基础→浇混凝土垫层→焊接钢骨架→做分块钢架、铺设钢丝网→双面混凝土打底→造型→面层批荡、上色修饰→成型。

2. 塑山施工的技术要点

(1)建造骨架结构。骨架结构有砖结构、钢架结构，以及两者的混合结构等。砖结构简便节省，对于山形变化较大的部位，要用钢架悬挑。山体的飞瀑、流泉和预留的绿化洞穴位置，要对骨架结构做好防水处理。

(2)泥底塑型。用水泥、黄泥、河沙配制成可塑性较强的砂浆，在已砌好的骨架上塑型，反复加工，使造型、纹理、塑体和表面刻画基本接近模型。

(3)塑面。在塑体表面细致地刻画石的质感、色泽、纹理和表层特征。质感和色泽根据设计要求，用石粉、色粉按适当比例配制白水泥或普通水粉调成砂浆，按粗糙、平滑、拉毛等塑面手法处理。对于纹理的塑造，一般来说，以直纹为主、横纹为辅的山石较能表现峻峭、挺拔的姿势；以横纹为主、直纹为辅的山石，较能表现潇洒、豪放的意象；综合纹样的山石，则较能表现深厚、壮丽的风貌。为了增强山石景的自然真实感，除纹理的刻画外，还要做好山石的自然特征，如缝、孔、洞、烂、裂、断层、位移等细部处理。一般来说，纹理刻画宜用"意笔"手法，概括、简练；自然特征的处理宜用"工笔"手法，精雕细琢。

💡 **知识窗**

塑面修饰注意事项

塑面修饰的重点在山脚和山体中部。山脚应表现粗犷，有人为破坏、风化的痕迹，并多有植物生长。山腰部分一般在 1.8～2.5 m 处，是修饰的重点，此处追求皱纹的真实，应做出不同面的强化力感和棱角，以丰富造型。注意层次，色彩逼真。主要手法有印、拉、勒等。山顶一般在 2.5 m 以上，施工时做得不必太细致，以强化透视消失，色彩也应浅一些，以增加山体的高大和真实感。

7.3.4 塑山新工艺

GRC 是玻璃纤维增强水泥（Glass Fiber Reinforced Cement）的英文缩写，是 20 世纪 70 年代发明的一种水硬性无机新型复合材料。它将轻质、高强、高韧性和耐水、不燃、隔声、隔热、易于加工等特性集于一体，在建筑上占有独特的地位。迄今为止，GRC 已在英、美、日等四十多个国家大量应用，特别是近年来，低碱水泥、抗碱玻璃纤维的相继出现，把我国的 GRC 技术引向新的发展阶段。

GRC 塑山施工工艺流程：泥模制作→翻制石膏→玻璃钢制作→模件运输→基础和钢框架制作安装→玻璃钢预制件拼装→修补打磨→油漆→成品。

图 7-3-2 所示为某公园塑石景观设计图。

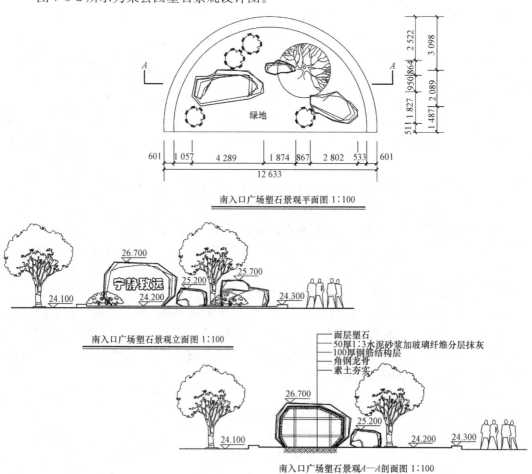

图 7-3-2　某公园塑石景观设计图

任务实施 ━━

任务实施计划书

学习领域	园林工程施工		
学习情境 7	假山工程	学时	
计划方式	小组讨论、成员之间团结合作，共同制订计划		
序号	实施步骤		使用资源
制订计划说明			
计划评价	班级		第 组	组长签字	
	教师签字			日期	

学习领域	园林工程施工						
学习情境7	假山工程					学时	
方案讨论							
方案对比	组号	任务耗时	任务耗材	实现功能	实施难度	安全可靠性	环保性	综合评价
	1							
	2							
	3							
	4							
	5							
	6							
方案评价	评语：						

班级		组长签字		教师签字		日期	

任务实施材料及工具清单

学习领域	园林工程施工						
学习情境7	假山工程					学时	
项目	序号	名称	作用	数量	型号	使用前	使用后
所用仪器仪表	1						
	2						
所用材料	1						
	2						
	3						
	4						
所用工具	1						
	2						
	3						
	4						
	5						
	6						

班级		第 组	组长签字		教师签字	

学习领域	园林工程施工		
学习情境 7	假山工程	学时	
作业方式	资料查询、现场操作		
序号	实施步骤		使用资源
1			
作业解答：			
2			
作业解答：			
3			
作业解答：			
4			
作业解答：			
5			
作业解答：			

作业评价	班级		第　组		
	学号		姓名		
	教师签字		教学评分		日期
	评语：				

任务实施检查单

学习领域	园林工程施工			
学习情境7	假山工程		学时	
序号	检查项目	检查标准	学生自检	教师检查
1				
2				
3				
4				
5				
6				
7				
8				
9				
10				
11				
12				
13				

检查评价	班级		第 组	组长签字	
	教师签字			日期	
	评语:				

学习评价单

学习领域		园林工程施工				
学习情境7		假山工程		学时		
评价类别	项目	子项目		个人评价	组内互评	教师评价
专业能力(60%)	资讯(10%)	收集信息(5%)				
		引导问题回答(5%)				
	计划(10%)	计划可执行度(5%)				
		设备材料工、量具安排(5%)				
	实施(15%)	工作步骤执行(5%)				
		功能实现(3%)				
		质量管理(3%)				
		安全保护(2%)				
		环境保护(2%)				
	检查(5%)	全面性、准确性(3%)				
		异常情况排除(2%)				
	过程(10%)	使用工、量具规范性(5%)				
		操作过程规范性(5%)				
	结果(10%)	结果质量(10%)				
社会能力(20%)	团结协作(10%)	小组成员合作良好(5%)				
		对小组的贡献(5%)				
	敬业精神(10%)	学习纪律性(5%)				
		爱岗敬业、吃苦耐劳精神(5%)				
方法能力(20%)	计划能力(10%)	考虑全面(5%)				
		细致有序(5%)				
	实施能力(10%)	方法正确(5%)				
		选择合理(5%)				
评价评语	班级		姓名	学号		总评
	教师签字		第　组	组长签字		日期
	评语:					

教学反馈单

学习领域	园林工程施工			
学习情境7	假山工程	学时		
	序号	调查内容	是	否	理由陈述

序号	调查内容	是	否	理由陈述
1				
2				
3				
4				
5				
6				
7				
8				
9				
10				
11				
12				
13				
14				

你的意见对改进教学非常重要，请写出你的建议和意见：

调查信息	被调查人签名		调查时间	

※ 学习小结

　　山水是园林景观中的主体，俗话说"无园不山、无园不石"。假山工程是利用不同的软、硬材料，结合艺术空间造型所堆成的土山或石山，是自然界中山水再现于景园中的艺术工程。假山施工是具有明显再创造特点的工程活动。本学习情境主要介绍假山与置石设计、假山施工、塑山设计与施工。

※ 学习检测

一、简答题

(1)列举出常用假山石的种类。

(2)简述山石结构的基本形式。

(3)简述置石的方式。

(4)简述假山施工的工艺流程。

(5)简述塑山施工的工艺流程与技术要点。

二、实训题

(1)某公园拟设计一组太湖石小景，要求根据置石布局原理完成设计，并画出环境总平面图，置石平面图、立面图、结构图。

(2)某公园一角拟设计一座黄石假山，要求假山石用地范围30 m×25 m，并结合水景如自然式水池、跌水、瀑布等进行设计，要求完成总平面图、假山平面图、4个方向的立面图、假山结构图。

(3)用小块假山石和水泥等材料，制作一个山石盆景。

学习情境8 园林绿化工程

学习任务清单

学习领域	园林工程施工		
学习情境8	园林绿化工程	学时	
布置任务			
学习目标	1. 掌握乔灌木在园林绿地中的种植技术。 2. 掌握大树移植的关键技术。 3. 掌握草坪建植技术。		
能力目标	1. 能进行带土球乔灌木的种植施工。 2. 能进行大树移植施工。 3. 能进行草坪施工。		
素养目标	具有做事的干劲，对于本职工作要能用心去投入；拥有一个健康良好的身体，在工作时充满活力；具有参与的热忱，在工作中寻找乐趣。		
任务描述	根据所学园林绿化工程知识，完成某公园绿化种植施工图，编制植物配置一览表，并进行施工操作。具体任务要求如下： 1. 设计绿化种植施工图。要求植物品种丰富，乔灌草合理搭配，常绿落叶树种比例合理，苗木规格描述正确。 2. 编制施工方案。能参照园林工程施工技术规范，根据施工项目及现场环境情况编制园林绿化工程施工方案。 3. 施工放样。根据绿化种植施工图进行植物种植施工放线，并进行施工操作。		
对学生的要求	1. 掌握墙体砌筑和装饰的施工方法。 2. 掌握花坛和景墙的设计及其施工方法。 3. 掌握园林建筑小品工程施工工艺流程和施工技术要点。 4. 能指挥园林机械和现场施工人员进行竖向施工，并能规范操作，安全施工。 5. 必须认真填写施工日志，园林建筑小品工程施工步骤要完整。 6. 上课时必须穿工作服，并戴安全帽，不得穿拖鞋。 7. 严格遵守课堂纪律和工作纪律、不迟到、不早退、不旷课。 8. 应树立职业意识，并按照企业的"6S"（整理、整顿、清扫、清洁、素养、安全）质量管理体系要求自己。 9. 本情境工作任务完成后，须提交学习体会报告，要求另附。		

资讯收集

学习领域	园林工程施工		
学习情境8	园林绿化工程	学时	
资讯方式	在资料角、图书馆、专业杂志、互联网及信息单上查询问题；咨询任课教师。		
资讯问题	1. 影响园林植物种植成活的因素有哪些？如何控制？ 2. 名词解释：园林绿化工程、假植、客土、胸径、大树移植、成活率。 3. 简述园林乔灌木种植的步骤与方法。 4. 简述园林绿化工程施工现场准备内容。 5. 在植树工程中，如何合理选择定点放线方法？ 6. 论述用草绳包装土球掘苗的操作步骤。 7. 结合工程实例，试编制园林绿化工程施工组织设计。 8. 简述大树移植的常用方法及技术要点。 9. 简述草坪的种植方法。 10. 结合本地区气候条件，简述如何合理地选择草坪，以及其适宜的种植方法。		

8.1

乔灌木种植工程

 8.1.1 种植前的准备工作

1. 了解设计意图及工程概况

工程技术人员应根据施工图纸和设计说明了解绿化的目的、施工完成后所要达到的景观效果，根据工程投资及设计概（预）算，选择合适的苗木和施工人员，根据工程的施工期限，安排每种苗木的栽植完成日期，同时，工程技术人员还应了解施工地段的地上、地下情况，与有关部门配合，以免施工时造成事故。

2. 现场踏勘

在了解设计意图和工程概况之后，负责施工的主要人员必须亲自到现场进行细致的踏勘与调查，应了解以下内容：

（1）各种地上物（如房屋、原有树木、市政或农田设施等）的去留及必须保护的地物（如古树名木等）；要拆迁的，如何办理有关手续与处理办法。

（2）现场内外交通、水源、电源情况，现场内外能否通行机械车辆，如果交通不便，则需确定开通道路的具体方案。

（3）施工期间生活设施（如食堂、卫生间、宿舍等）的安排。

（4）施工地段的土壤调查，以确定是否换土，估算客土量及其来源等。

3. 制定施工方案

根据绿化工程的规模和施工项目的复杂程度制定施工方案，在计划内容上，要尽量考虑得全面细致；在施工的措施上，要有针对性和预见性；文字上要简明扼要，抓住关键。其主要内容如下：

（1）工程概况。

（2）施工的组织机构。

（3）施工进度。

（4）劳动力计划。

（5）材料工具供应计划。

（6）机械运输计划。

（7）施工预算。

（8）技术和质量措施。

（9）绘制施工现场平面图。

(10)安全生产制度。

绿化工程项目不同，施工方案的内容也不可能完全一样，要根据具体工程情况加以确定。另外，生产单位管理体制的改革、生产责任制、全面质量管理办法和经济效益的核定等内容，对于完成施工任务都有重要的影响，可根据本单位的具体情况加以实施。

4. 植树工程主要技术项目的确定

为确保工程质量，在制定施工方案时，应对植树工程的主要项目确定具体的技术措施和质量要求。

(1)定点放线。确定具体的定点放线方法(包括平面和高程)，保证栽植位置准确无误，符合设计要求。

(2)挖坑。根据树种、苗木规格，确定挖树坑的具体规格(直径×深度)。为了便于在施工中掌握，可以根据苗木大小分成几个级别，分别确定相应的树坑规格，进行编号，以便工人操作掌握。

(3)换土。根据现场踏勘时调查的土质情况，确定是否需要换土。如需换土，应计算出客土量、客土的来源、换土的方法，成片换还是单坑换；还要确定渣土的处理方向。如果现场土质较好，只是混杂物较多，可以去渣添土，尽量减少客土量，保留一部分碎破瓦片，有利于土壤通气。

(4)掘苗。确定具体树种的掘苗、包装方法，哪些树种带土球，以及土球规格和包装要求。

(5)运苗。确定运苗方法，如用什么车辆和机械、行车路线、遮盖材料和方法及押运人；对于长途运苗，还要提出具体要求。

(6)假植。确定假植地点、方法、时间、养护管理措施等。

(7)种植。确定不同树种和不同地段的种植顺序，是否施肥(如需施肥，应确定肥料种类、施肥方法及施肥量)，苗木根部消毒的要求与方法。

(8)修剪。确定各种树苗的修剪方法(乔木应先修剪后栽植，绿篱应先栽植后修剪)、修剪的高度和形式及要求等。

(9)立支柱。确定是否需要立支柱，以及立支柱的形式、材料和方法。

(10)灌水。确定灌水的方式、方法、时间、灌水次数和灌水量，封堰或中耕的要求。

(11)清理现场。应做到文明施工，工完场净的要求。

(12)其他有关技术措施。如灌水后发生倾斜要扶正，遮阴、喷雾、防治病虫害等的方法和要求。

5. 施工现场准备

施工现场的准备是植树工程准备工作的重要内容，现场准备的工作量随施工场地的地点不同而有很大差别。这项工作的进度和质量对完成绿化施工任务影响较大。

(1)清理障碍物。绿化工程用地边界确定之后，凡地界之内有碍施工的市政设施、农田设施、房屋、树木、坟墓、堆放杂物、违章建筑等，一律进行拆除和迁移。对这些障碍物的处理应在现场踏勘的基础上逐项落实，根据有关部门对这些地上物的处理要求，办理各种手续，凡能自行拆除的，限期拆除；无力清理的，施工单位应安排力量进行统一清理。对现有房屋的拆除要结合设计要求，如不妨碍施工，可物尽其用，保留一部分作为施工时的工棚或仓库，在施工后期进行拆除。对现有树木的处理要持慎重态度，对于病虫严重的、衰老的树木应予砍伐；凡能结合绿化设计可以保留的尽量保留，无法保留的可以进行迁移。

（2）地形地势整理。地形地势整理是指从土地的平面上，将绿化地区与其他用地界限区划开来，根据绿化设计图纸的要求整理出一定的地形起伏。此项工作可与清除地上障碍物相结合。

（3）土壤的整理。地形地势整理完毕之后，为了给植物创造良好的生长基地，必须在种植植物的范围内，对土壤进行整理。原是农田菜地的土质较好，侵入体不多的，只需要加以平整，不需换土。如果在建筑遗址、工程弃物、矿渣炉灰地修建绿地，需要清除渣土换上好土。对于树木种植位置上的土壤改良，待定点刨坑后再行解决。

（4）接通电源、水源，修通道路。这是保证工程开工的必要条件，也是施工现场准备的重要内容。

（5）根据需要，搭建临时工棚。

8.1.2 定点放线

定点放线即在现场测出苗木栽植位置和株行距，一般在栽植施工前完成该项工作，但也有随放随挖的。由于树木栽植方式各不相同，定点放线的方法也有很多种，常用的有以下两种。

1. 规则式栽植放线

成行成列式栽植树木，称为规则式栽植。其特点是轴线明显、株距相等，如行道树。

规则式栽植放线比较简单，可以地面上某一固定设施为基点，直接用皮尺定出行位，再按株距定出株位。为了保证规则式栽植横平竖直、整齐美观的特点，可于每隔10株株距增钉一木桩，作为行位控制标记及确定单株位置的依据，然后用白灰点标出单株位置。

2. 自然式栽植放线

自然式栽植放线比较复杂，其方法有以下三种：

（1）方格网放线法。在面积较大的植树绿化工地上，可以在图纸上以一定的边长画出方格网（如5 m、10 m、20 m等长度），再把方格网按比例测设到施工现场（一般采取经纬仪器来放桩比较准确），再在每个方格内按照图纸上的相对位置，用绳尺定点。

（2）小平板放线法。小平板的详细使用方法，一般均在测量学中学习过，这里不再详谈。但必须指出小平板放线的要点：首先定出具有代表意义的控制点，再将植株位置按设计依次定出，用白灰点表示。小平板定点适用于范围较大、测量精度要求较高的绿地。

（3）目测法。对于设计图上无固定点的绿化种植，如灌木丛、树群等，可用上述两种方法测出树群树丛的栽植范围。其中，每株树木的位置和排列可根据设计要求在所规定范围内用目测法进行定点。定点时应注意植株的生态要求并应注意自然美观。

定点完成后，多采取白灰打点或打桩，标明树种，栽植数量（灌木丛树群）、坑径。

8.1.3 挖种植穴

栽植植物挖掘的坑穴，坑穴为圆形或方形的称为栽植穴，长条形的称为栽植槽。带土球的种植穴应比土球大 20～30 cm，栽裸根苗的穴应保证根系充分舒展，穴的深度一般比土球高度深 10～20 cm，穴的形状一般为圆形，但必须保证上下口大小一致。乔木类栽植穴规格见表 8-1-1、表 8-1-2。

表 8-1-1　常绿乔木类栽植穴规格　　　　　　　　　　　　　cm

树高	土球直径	栽植穴深度	栽植穴直径
150	40～50	50～60	80～90
150～250	70～80	80～90	100～110
250～400	80～100	90～110	120～130
400 以上	140 以上	120 以上	180 以上

表 8-1-2　落叶乔木类栽植穴规格　　　　　　　　　　　　　cm

胸径	栽植穴深度	栽植穴直径
2～3	30～40	40～60
3～4	40～50	60～70
4～5	50～60	70～80
5～6	60～70	80～90
6～8	70～80	90～100
8～10	80～90	100～110

8.1.4 掘苗

根据各种乔灌木的生态习性和生长状态，以及施工季节的不同，苗木掘取应注意以下几点。

1. 掘苗移植的时间

掘苗时间因地区和树种不同而不同，一般多在秋冬休眠以后或在春季萌动前进行。另外，在各地区的雨季也可进行。

2. 掘苗的质量标准

为保证树木成活，掘苗时要选生长健壮、树形端正、根系发达的无病虫害苗木掘取。如已有"号苗"标志号，应严格根据已经选定的掘苗。

3. 掘苗的准备工作

(1)选苗。苗木的质量是影响其成活和生长的重要因素。对苗木进行选择时，注意选择符合设计要求的规格和树形。另外，选择生长健壮、无病虫害、无机械损伤、树形端正和根系发达的苗木。做行道树的苗木分枝点应不低于 2.5 m，城市主干道苗木分枝点应不低于 3.5 m。

(2)挂牌。在选定的苗木上挂一个牌，注明树木的名称和所要求的穴径，便于施工。

(3)灌水。当土壤较干时，为了便于挖掘，保护根系，应在起苗前 2～3 d 进行灌水湿润。

(4)拢冠。为了便于起苗操作，对于侧枝低矮和冠丛庞大的苗木，应先用草绳捆拢树冠，注意不要损伤枝条。

(5)断根。地径较大的苗木，起苗前在根系周边挖半圆进行预断根，深度一般为 15～20 cm。

4. 掘苗方法

(1)裸根法。裸根法适用于处于休眠状态的落叶乔木、灌木和藤本，起苗时应该多保留根系，留一些宿土。如掘出后不能及时运走，应埋土假植，并要求埋根的土壤湿润。

(2)带土球法。将苗木的根系带土削成环状，经包装后起出，称为带土球法。此法较费工时，适用于常绿树、名贵树木和较大的灌木。

土球规格：一般情况下，灌木根系可按灌木高度的 1/3 左右确定。而常绿树带土球种植时，其土球的大小可按树木胸径的 8～10 倍确定，对于特别难成活的树种，一定要考虑加大土球，土球的形状可根据施工方便而挖成方形、圆形、半球形等，但应注意保证土球完好。

8.1.5 苗木运输和假植

在乔灌木种植的施工过程中，苗木的装车、运苗、卸车、假植的精心操作，对保证土球完好，不折断苗木主茎、枝条，不擦伤树皮，保护好根系等，具有十分重要的作用。

一般苗木要做到随挖、随装、随运、随栽。装运露根苗木应根向前、梢向后，顺序码放整齐，注意树梢不要拖地。一般远距离运输时，应用毡布或湿草袋盖好根部，以免失水过多影响成活。

装运带土球苗木高度在 2 m 以下可立放，2 m 以上应斜放。装运时土球向前、树干朝后，土球应放稳、垫平、挤严，土球堆放层次不要过高。

假植是当苗木不能及时栽植时，将苗木根系用湿润土壤临时性填埋的措施。假植可分以下两种情况。

1. 裸根苗木的假植

(1)覆盖法。苗木需要短期假植时，可用湿草袋盖严或挖浅沟把苗木根部盖严。

(2)沟槽法。苗木需要较长时间假植时，可在空地上挖出宽1.5～2.0 m、深0.3～0.5 m、长度视具体情况而定的沟槽。将苗木树梢顺风斜放于沟中，然后用细土覆盖根部，层层码放。土壤干燥时应浇水，保持苗木根部湿润，但不可太泥泞。

2. 带土球苗木的假植

带土球苗木在1～2 d内栽不完时，应集中放好，周围培土，树灌用草绳拢好，假植时间长时，土球间隙应填土。假植时应对叶面喷水。

🐛 8.1.6 栽植

1. 栽植的方法

栽植时应注意苗木与现场特点是否相符；其次应对其树冠的朝向加以选择，各种植物均有它的自然生长朝阳面与朝阴面，某些小树很不明显，而较大苗木必须按其原来的阴阳面栽植。

栽植露根树木时，应使根系舒展，防止出现窝根。表土填入一半时，应将树干轻提几下，既能使土与根系密接，又能使根伸直，俗称三埋两踩一提苗。

栽植带土球树木时，应注意使坑深与土球高度相符，以免来回搬运土球。填土时应充分压实，但不要损坏土球。

施肥换土：土壤较贫瘠时，先在穴底部施入有机肥料做底肥；土质不好的地段，穴内需换客土。客土是指将栽植地点或栽植穴中不适合栽植的土壤更换成适合栽植的土壤，或掺入某种栽培基质改善土壤的理化性质。

2. 栽植后的养护管理

(1)立支撑柱。立支撑柱的方式有单支式、双支式和三支式。一般常用三支式，支法有斜支法和立支法。

(2)浇水。新植树木的浇水，应连续浇灌三次水，以河、湖天然水为佳，栽植后24 h内必须及时浇上第一遍水，水要浇透。

(3)扶正封堰。

💡 知识窗

绿化栽植工程验收注意事项

验收一般分两次进行，即栽植竣工后和后期养护结束时。验收前，施工单位应将相关资料准备好，包括工程中间验收记录、设计图纸及变更洽商资料、竣工图纸、施工过程有关大事记和需说明的情况、外地来苗检验报告及其他化验资料、工程决算、施工总结报告。填写申请验收报告，由建设单位或上级主管单位组织验收。验收合格后，由验收单位出具验收合格证，双方签字盖章并办理移交手续。至此，此项种植工程宣告结束。

8.2 大树移植工程

大树是指胸径在 15 cm 以上的常绿乔木或胸径在 20 cm 以上的落叶乔木。大树移植条件较复杂，要求较高。由于大树年龄大、根深、细胞的再生能力弱、冠幅大、枝叶的蒸腾面积大等特点，其移植成活困难，因此为了保证移植后的成活率，在大树移植时，必须采取科学的方法，遵守一定的技术规范，保证施工质量。

8.2.1 大树移植的时间

大树移植最好选择在树木休眠期进行，一般以春季萌动前和秋季落叶后为最佳时期。

早春时期，树木还处于休眠期，移植后，树液开始流动，树木开始生长、发芽，树叶还尚未全部长成，树木的蒸腾还未达到最旺盛时期，挖掘时损伤的根系很容易愈合和再生，且经过从早春到晚秋的正常生长，树木移植时受伤的部分可以复原，给树木顺利越冬创造了有利条件。

盛夏季节，由于树木的蒸腾量大，此时移植对大树成活不利，但在必要时可选择阴雨天进行，移植时必须加大土球，加重修剪，并注意遮阴保湿，尽量减少树木的蒸腾量，也可成活，但费用较高。在北方的雨季和南方的梅雨期，可带土球移植一些针叶树种。

深秋及冬季，树木地上部分处于休眠状态，也可进行大树移植。在严寒的北方，必须对移植的树木进行土面保护。南方地区，尤其在一些气温较高、湿度较大的地区，一年四季均可移植，落叶树还可裸根移植。

我国幅员辽阔，南北气候相差很大，具体的移植时间应视当地的气候条件及需移植的树种不同而有所选择。

8.2.2 大树移植的原理

大树移植的基本原理包括近似生境原理和树势平衡原理。

（1）近似生境原理。移植后的生境优于原生生境，移植成功率较高。树木的生态环境是一个比较综合的整体，主要是指光、水、气、热等小气候条件和土壤条件。如果把生长在高山上的大树移入平地，把生长在酸性土壤中的大树移入碱性土壤，其生态差异太大，移植成功率会比较低。因此，定植地生境最好与原植地类似。移植前，需要对大树原植地和定植地的生境条件进行测定，根据测定结果改善定植地的生境条件，以提高大树移植的成活率。

（2）树势平衡原理。树势平衡是指树木的地上部分和地下部分须保持平衡。移植大树时，如对根系造成伤害，就必须根据其根系分布的情况，对地上部分进行修剪，使地上部分和地下部分的生长情况基本保持平衡。因为供给根系发育的营养物质来自地上部分，对枝叶修剪过多不但会影响树木的景观，也会影响根系的生长发育。如果地上部分所留比例超过地下部分所留比例，可通过人工养护弥补这种不平衡性，如遮阴减少水分蒸发，叶面施肥，对树干进行包扎阻止树体水分散发等。

8.2.3 大树移植的注意事项

(1)要选择接近新栽地生境的树木。野生树木主根发达、长势过旺的，适应能力也差，不易成活的。

(2)不同类别的树木，移植难易不同。一般灌木比乔木移植容易；落叶树比常绿树容易；扦插繁殖或经多次移植须根发达的树比播种未经移植直根性和肉质根类树木容易；叶型细小比叶少而大的容易；树龄小比树龄大的容易。

(3)一般慢生树选用 20～30 年生；速生树种则选用 10～20 年生；中生树可选用 15 年生，果树、花灌木可选用 5～7 年生，一般乔木树高在 4 m 以上，胸径 12～25 cm 的树木最合适。

知识窗

大树的选择

根据园林设计图纸、园林绿化施工要求和适地适树原则，选定树种及树种所要求的规格、树高、冠幅、胸径、树形(需要注明观赏面和原有朝向)、长势等，到郊区或苗圃进行调查，要按照"近似生境原理"，从光、水、气、热等小气候条件和土壤条件等多方面进行综合考察比较，将生境差异控制在树种可适生的区间内。在选定大树的朝阳(南)方向的胸径处做好标记，立卡编号，挂牌登记，分类管理。选树工作宜在移植前 1～3 年进行。

---

(4)应选择生长正常的树木，以及没有感染病虫害和未受机械损伤的树木。

(5)选树时，还必须考虑移植地点的自然条件和施工条件，移植地的地形应平坦或坡度不大，过陡的山坡，根系分布不正，不仅操作困难且容易伤根，不易起出完整的土球，因而，应选择便于挖掘出的树木，最好使起运工具能到达树旁。

8.2.4 大树移植的方法

1. 软材包装移植法

软材包装移植法适用于移植胸径为 10～15 cm 的大树。起掘前，可根据树木胸径的大小来确定土球直径和高度(表 8-2-1)。

表 8-2-1　树木胸径与土球规格　　　　　　　　　　　　　　　cm

树木胸径	土球规格		
	土球直径	土球高度	留底直径
10～12	树木胸径的 8～10 倍	60～70	土球直径的 1/3
13～15	树木胸径的 7～10 倍	70～80	

一般情况下，土球直径为树木胸径的 7～10 倍，以保持足够根系。实施过缩坨断根的大树，应在切根时挖的土沟以外稍远的地方开挖。挖到土球要求的厚度时（一般约土球直径的 2/3），用铁锹修整上球表面，使上大下小，肩部圆滑，称为修坨。然后用预先湿润过的草绳将修好后的土球腰部系紧，称为"缠腰绳"，草绳每圈要靠紧，宽度为 20 cm 左右。

此后，再用蒲包片将土球包严并用草绳将腰部捆好，以防蒲包脱落。最后即可打花箍，将双股草绳的一头拴在树干上，把草绳绕过土球底部，顺序拉紧捆牢。草绳的间隔为 8～10 cm，土质不好的，还可以密些。花箍打好后，在土球外面结成网状，再在上球的腰部密捆 10 道左右的草绳，并在腰箍上打成花扣，以免草绳脱落。

在我国南方，一般土质较黏重，故在包装土球时，往往省去蒲包或蒲包片，直接用草绳包装，常用的有橘子式包装（其包装方法大体如前）、井字式包装和五角式包装，如图 8-2-1～图 8-2-3 所示。

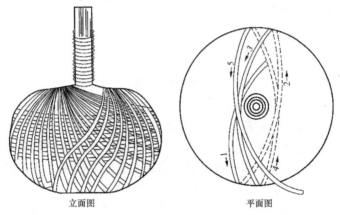

立面图　　　　　　　　平面图

图 8-2-1　橘子式包装示意

注：实线表示土球面绳，虚线表示土球底绳

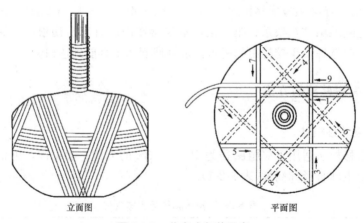

立面图　　　　　　　　平面图

图 8-2-2　井字式包装示意

注：实线表示土球面绳，虚线表示土球底绳

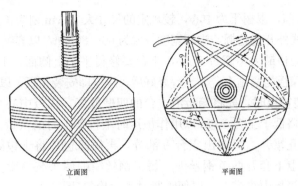

立面图　　　　　　平面图

图 8-2-3　五角式包装示意

注：实线表示土球面绳，虚线表示土球底绳

2. 木箱包装移植法

木箱包装移植法适用于移植胸径为 15～30 cm 或更大的树木，可以保证吊装运输的安全且不散坨，如图 8-2-4～图 8-2-6 所示。

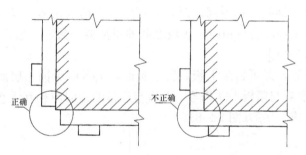

图 8-2-4　木箱侧面面板安装

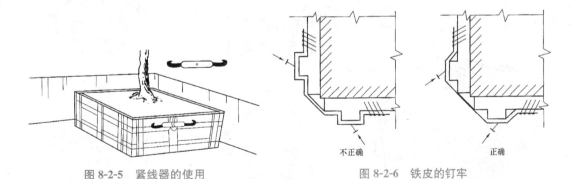

图 8-2-5　紧线器的使用　　　　　图 8-2-6　铁皮的钉牢

（1）移植前的准备工作。移植前首先要准备好包装用的板材：箱板、底板和上板。

掘苗前应将树干四周地表的浮土铲除，然后根据树木的大小决定挖掘土台的规格，一般可按树木胸径的 7～10 倍作为土台的规格，具体规定见表 8-2-2。

表 8-2-2　树木胸径与土台规格

树木胸径/cm	15～18	18～24	25～27	28～30
土台规格（上边长×高）/(m×m)	1.5×0.6	1.8×0.7	2.0×0.7	2.2×0.8

（2）掘苗。掘苗前，以树干为中心，较规定的尺寸大10 cm划为正方形，作为土台的规格。以线为准在线外开沟挖掘，沟的宽度一般为60～80 cm，以容纳一人操作为准。土台四角要比预定的规格最大不超过5 cm，土台要修得平整，侧面、中间比两边要凸出，以使上完箱板后，箱板能紧贴土台。土台修好后，应立即安装箱板，以免土台坍塌。

（3）装箱。安装箱板时，先将箱板沿土台的四壁放好，箱板中心与树干必须呈一条直线，木箱上边应略低于土台1 cm以用作吊运时土台下沉时的余量。两块箱板的端头在土台的角上要相互错开，可露出土台一部分，再用蒲包片将土包好，两头压在箱板下，然后在木箱的上下套好两道钢丝绳。每根钢丝绳的两头装好紧线器，两个紧线器在两个相反方向的箱板中央带上，以便收紧时受力均匀(图8-2-7)。

（4）掏底和钉板。掏底时先沿箱板下端往下挖35 cm，然后用小板镐、小平铲掏挖土台下部，可两侧同时进行，每次掏底宽度应与底板宽度相等，不可过宽，当掏够宽度时则应上底板。在上底板前，应量好底板所需的长度，并在底板的两头，钉好薄钢板。上底板时，先将板底的一头钉在木箱带上，钉好后用木墩顶紧另一头底板，用油压千斤顶顶起与土贴紧，将薄钢板钉好后，撤下千斤顶再顶好木墩。两边底板上完后，即可继续向中间掏底，掏中间底时，底面应凸出稍呈弧形，以利于收紧底板，上中间底板时，应与上两侧底板相同，底板之间的距离要一致，一般应保持10～15 cm，如土质疏松，可适当加密。

底板全部钉好后，即可钉装上板，钉上板前，土台应满铺一层蒲包片。上板一般有2～4块，其长度应与箱板上端相等，上板与底板的走向应相互垂直交叉。如需要多次调运，上板应钉成井字形(图8-2-8)。

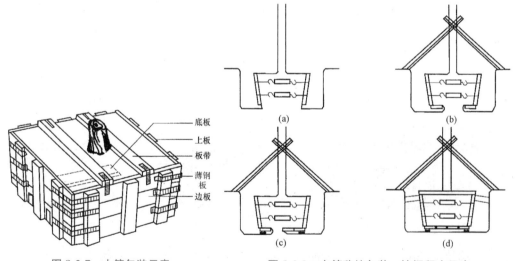

图8-2-7　木箱包装示意

图8-2-8　木箱移植包装、挖掘程序示意
(a)挖好四壁，用钢丝绳、紧线器收紧4块箱板；
(b)钉好箱板，掏挖底部两侧，装好两侧底板；
(c)用短桩撑好底部四周，掏挖底部中间；
(d)装好全部底板和上板，用短桩支撑好，待运

3. 冻土球移植法

在冻土层较深的北方，在土壤冻结期挖掘土球，可不必包装，且土球坚固，根系

完好，便于运输，有利于成活，是一种节约经费的好方法。

冻土球移植法适用于耐严寒的乡土树种，待气温降至 $-12\ ℃\sim-15\ ℃$，冻土深达 $0.2\ m$ 时，开始挖掘。对于下部未冻部分，需停放 $2\sim3\ d$，待其冻结，再进行挖掘，也可泼水，促其冻结。树木挖好后，如不能及时移栽，可填入枯草落叶覆盖，以免晒化或寒风侵袭冻坏根系。

一般冻土球移植质量较大，运输时也需使用起重机装卸，由于冬季枝条较脆，吊装运输过程中要格外注意保护树木不受损害。

树坑最好于结冻前挖好，可省工省时。栽植时应填入化土、夯实，灌水支撑，为了保温和防冻，应于树干基部堆土成台。春季解冻后，将填土部位重新夯实，灌水、养护。

4. 机械移植法

近年来，在国内外已出现树木移植机，主要用来移植带土球的树木，可以连续完成挖栽植坑、起树、运输、栽植等全部移植作业。

树木移植机的主要优点如下：

(1)生产率高，一般比人工提高 $5\sim6$ 倍以上，而成本可下降 50% 以上，树木径级越大，效果越显著。

(2)所移植的树木成活率高，几乎可达 100%。

(3)可适当延长移植的作业季节，不仅春季，在夏天雨季和秋季移植时，成活率也很高，即使是冬季，在南方也能移植。

(4)能适应城市的复杂土壤条件，在石块、瓦砾较多的地方也能进行。

(5)减轻了工人劳动强度，提高了作业的安全性。

目前，我国主要发展大、中、小三种类型的移植机，大型机可挖土球直径 $1.6\ m$，一般用于城市园林部门移植径级 $16\sim20\ cm$ 以下的大树；中型机能挖土球直径 $1\ m$，主要用于移植径级 $10\sim12\ cm$ 以下的树木，可用于城市园林部门、果园、苗圃等处；小型机能挖 $60\ cm$ 土球，主要用于苗圃、果园、林场、橡胶园等移植径级 $6\ cm$ 左右的大苗。树木移植机机型如图 8-2-9 所示。

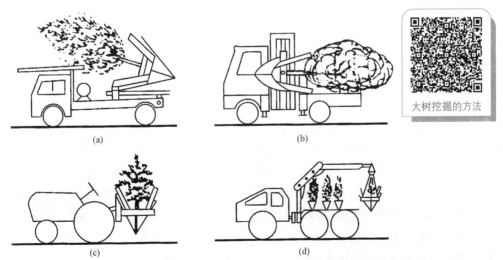

图 8-2-9　树木移植机机型示意

(a)、(b)大型移植机；(c)中型移植机；(d)小型移植机

8.2.5 大树的装卸与运输

大树的装卸与运输为大树吊运移植中的重要环节之一。吊运的成功与否，直接影响到树木的成活、施工的质量及树形的美观等。吊装及运输设备的起吊和装运能力要具备相应的承载能力。吊装前应先撤去支撑，用草绳将树冠捆拢以减少吊运时的损伤。

1. 装车

目前，我国常用的装卸设备是汽车起重机，它机动灵活，行动方便，装卸简捷。

吊运软材料包装的或带冻土球的树木时，由于钢丝绳容易勒坏土球，最好用粗麻绳。先将双股绳的一头留出 1 m 多长结扣固定，再将双股绳分开，在土球由上向下 3/5 的位置上绑紧，然后将大绳的两头扣在吊钩上，在绳与土球接触处用木块垫起；轻轻起吊后，用脖绳套在树干下部，也扣在吊钩上即可起吊。这些工作做好后，再开动起重机就可将树木吊起装车。

木箱包装吊运时，用两根钢索将木箱两头围起，钢索放在距离木板顶端 20～30 cm 的地方（约为木板长度的 1/5），把 4 个绳头结在一起挂在起重机的吊钩上，并在吊钩和树干之间系一根绳索，使树木不致被拉倒，还要在树干上系 1～2 根绳索，以便在起运时用人力来控制树木的位置，以防损伤树冠，有利于起重机工作。在树干上束绳索处，必须垫上柔软材料，以免损伤树皮。

2. 运输

通常一辆汽车只装一株树。在运输前，应先进行行车道路的调查，以免中途遇到故障无法通过。行车路线一般都是城市划定的运输路线，应了解其路面宽度、路面质量、横架空线、桥梁及其负荷情况、人流量等。在行车过程中，押运员应站在车厢尾，检查运输途中土球绑扎是否松动、树冠是否扫地、左右是否影响其他车辆及行人，同时要手持长竿，不时挑开横架空线，以免发生危险。在行车过程中行车要稳，车速宜慢，遇到路面状况不好时要降速行驶。

3. 卸车

大树运至施工现场后，应进行吊卸。吊卸的方式与吊装大致相同。如果是木箱包装的，若不能马上栽植，应将树木吊卸在栽植穴附近，并在木箱下垫方木，以便栽植时穿绳用。

4. 大树的定植

将大树轻轻地斜吊放置到早已准备好的种植穴内，穴内要留土台。撤除缠扎树冠的绳子，并以人工配合机械，将树干立起扶正，初步支撑。树木立起后，要仔细审视树形和环境的关系，转动和调整树冠的方向，使树姿和周围环境相配合，并应尽量符合原来的朝向。然后，撤除土球外包扎的绳包或箱板，分层填土，分层筑实，把土球全埋入地下。在树干周围的地面上也要做出拦水围堰。最后，要灌一次透水。

5. 定植后的养护

定植之后的大树必须加强养护管理。"三分种，七分管"，故应把大树移植后的精心养护看成是确保移植成活和林木健壮生长不可或缺的重要环节，不可小视。

8.2.6 大树移植施工步骤

大树移植的施工工艺：施工准备→土台挖掘→木箱包装→吊装运输→卸车定植→植后养护。

1. 施工准备

(1)大树移植的准备工作。

(2)挖掘现场准备。

大树的养护

1)大树的挖掘，如移植胸径 25 cm 的华山松是多次移植过的大树，大部分的须根都聚生在一定的范围，因而，在移植时能够保证土球的质量和减少对根部的损伤。

2)编号定向。为使移植施工有计划地顺利进行，把栽植穴及欲移植的大树均编上一一对应的号码，使其移植时可对号入座，以减少现场混乱及事故。并用油漆涂抹在树木南向胸径处，确保在定植时仍能保持它按原方向栽植，以满足它对庇荫及阳光的要求。

3)清理现场及安排运输路线。如在起挖华山松之前，把树干周围 2～3 m 以内的碎石、瓦砾堆、灌木丛及其他障碍物清除干净，并将地面大致整平，为顺利移植大树创造条件。并按照树木移植的先后次序，合理安排运输路线，以使每棵树都能顺利运出。

(3)栽植现场准备。

1)周边情况。确保栽植现场周边的建筑物、架空线、地下管网等满足运输机械及吊装机械的作业面需求，能够顺利施工。

2)清理场地。在施工范围内，根据设计要求做好场地的清理工作。如拆除原有构筑物、清除垃圾、清理杂草、平整场地等。

3)施工用水。做好现场水通的准备，具备大树移植工程施工要求，能够保证大树栽植后马上就能灌足水。

2. 土台挖掘

树木的规格符合下列条件之一的均应属于大树移植：落叶和阔叶常绿乔木：胸径在 20 cm 以上；针叶常绿乔木：株高在 6 m 以上或地径在 18 cm 以上。

首先，确定土台的规格大小。根据大树移植施工技术规范标准，如胸径为 25 m 的华山松可确定土台为梯形台，上大下小，外包装木箱上边长 2.0 m，高为 0.7 m。

土台确定后，先用草绳将树冠围拢，树干缠绕上草绳。清除树干基部周围 2～3 m 以内的杂物。以树干为中心，以 2.1 m 为边长，画一正方形作土台的雏形，然后铲除正方形范围内的浮土，深度以不伤根部为宜。从土台往外开沟挖掘，沟宽为 60～80 cm。土台挖到 0.7 m 深度后，用铁锹、铲子、锯等将四壁修理平整，使土台每边较箱板长 5 cm，土台侧壁中间略凸出。土台修好后，应立即安装箱板。

3. 木箱包装

土台修好后，须马上进行支撑，避免树木歪倒。然后进行箱板的安装，安装箱板时先安装侧面木板，防止土台散坨。侧面箱板安装后，继续下挖约 0.3 m，以工人操作方便为宜，向内掏挖，并上底板，边向内掏挖，边上底板。同时，在底板四角用支墩支牢，避免发生危险。待底板全部上完后，再上上板。

4. 吊装运输

首先将起重机在方便作业的平整场地上调稳，并且在支腿下面垫木块。用一根长约 6.5 m、粗 10 mm 的钢丝绳在木箱的下端 1/3 处拦腰围住，将钢丝绳两端绳套扣在起重机的吊钩上，轻轻起吊，缓慢操作，待木箱离地前停车。用草绳缠绕一段树干，并在其外侧绑扎上小木块包裹起来，然后用一根粗绳系在包裹处，粗绳的另一端扣在起重机的吊钩上，目的是防止树木起吊时树冠倒地。继续起吊，当树身倾倒后，用 1～2 根粗麻绳拴在分枝点处，以便吊装的过程中可以人为地控制树木的方向，避免树冠损伤，便于装车。

树木装进汽车时，使树冠向着汽车尾部，方箱靠近驾驶室。木箱上口与运输车辆后轴相齐，木箱下部用方木垫稳。为避免树冠拖地损伤，在车尾部用木棍绑成支架将大树支起，并在树干和支架间垫上麻袋片或蒲包等柔软的材料，用绳扎牢。然后将方箱缚紧于车厢上，捆木箱的钢丝绳应用紧线器绞紧。

5. 卸车定植

(1)在大树挖掘的同时或之前，即在大树定植前，应完成种植穴的挖掘等工作。

(2)按照施工图纸的要求进行定点放线，并做好树木栽植中心标记。根据土球的规格确定挖掘种植穴的要求，由于为木箱包装移植，所以种植穴的形状与木箱一致，确定种植穴的规格为 2.5 m×2.5 m×1.0 m(长×宽×高)。挖掘时，种植穴的位置要求非常准确，要严格按照定点放线的标记进行。以标记为中心，以 2.5 m 为边长划一方形，在线的内侧向下挖掘，按照深度 1.0 m 垂直刨挖到底，不能挖成上大下小的锅底坑。由于现场的土壤质地良好，在挖掘种植穴时，将上部的表层土壤和下部的底层土壤分开堆放，表层土壤在栽植时填在树的根部，底层土壤回填上部。若土壤为不均匀的混合土时，也应该将好土和杂物分开堆放，可堆放在靠近施工场地内一侧，以便于换土及树木栽植操作。

(3)种植穴挖好后，要在穴底堆一个 0.8 m×0.5 m×0.2 m 的长方形土台。如果种植穴土壤中混有大量的灰渣、石砾、大块砖石等，则应配制营养土，用腐熟、过筛的堆肥和部分土壤搅拌均匀，施入穴底铺平，并在其上覆盖 6～10 cm 种植土，以免"烧根"，其余营养土置于种植穴附近待用。

💡 **知识窗**

吊卸栽植注意事项

大树运至施工现场后，立即进行吊卸栽植。按照选树的编号，对号栽植。将车辆开至指定位置停稳，解开捆绑大树的绳索。用两根长钢丝绳将树木兜底，每根绳索的两端分别扣在起重机的吊钩上，将树木直立且不伤干枝。检查大树土台完好后，先行拆下方箱中间 3 块底板。起吊入坑，树木就位前，按原南向标记对好方向，使其满足树木的生长需求，分层回填夯实至平地，每层回填土厚 0.3 m。在树干周围的地面上，做出拦水围堰进行浇水。

8.3

草坪建植工程

草坪是指人工建造及人工养护管理，起绿化、美化作用的草地。在园林绿地、庭园、运动场等地多为人工建造的草坪。

建造人工草坪首先必须选择合适的草种，其次是采用科学的栽植及管理方法。

8.3.1 草坪的分类

(1)游憩草坪。这类草坪在绿地中没有固定的形状，面积较大，管理粗放，允许人们入内游憩活动。应选用叶细、耐踩踏、韧性大的草种。

(2)观赏草坪。专供欣赏的草坪称为观赏草坪，也称装饰性草坪。这类草地一般不允许入内践踏，栽培管理要求精细，严格控制杂草，因此，栽培面积不宜过大。一般选用叶色均一、绿期长、茎叶密集的优良草种。

(3)运动场草坪。供开展不同体育活动的草坪称为运动场草坪，也称体育草坪。如足球场草坪、网球场草坪、滚球场草坪、高尔夫球场草坪、儿童游戏场草坪等。应选择能经受坚硬鞋底的踩踏，并能耐频繁地修剪刈割，有较强的根系和快速复苏蔓延能力的种类。

(4)固土护坡草坪。栽种在坡地和水岸的草地称为固土护坡草地，也称护坡护岸草地。主要选用生长迅速、根系发达并具有匍匐性的草种。

(5)缀花草坪。以禾草植物为主，混栽少量草本花卉的草坪称为缀花草坪。

(6)混合草坪。由两种以上草坪植物混合组成的草坪。

(7)疏林草坪。树林与草坪相结合的草地称为疏林草坪。

(8)交通安全草坪。设在陆路交通沿线，以高速公路两旁及飞机场中铺设的草地为多。这类草坪要求能抗干旱、适应性强和养护管理粗放。通常宜选择耐磨、防护能力强、根系发达，以及能迅速恢复的草坪植物，实行混合栽种。

💡 知识窗

草种选择

建造草坪时所选用的草种是草坪能否建成的基本条件。选择草种应考虑以下几个方面：

(1)适应当地的环境条件，尤其注意适应种植地段的小环境。

(2)使用场所不同，对草种的选择也应有所不同。

(3)根据养护管理条件选择，在有条件的地方可选用需精细管理的草种，而在环境条件较差的地区，则应选用抗性强的草种。

总之，选用草种应对使用环境、使用目的及草种本身有充分的了解，才能使草坪充分发挥其功能效益。

🌱 8.3.2　场地准备

　　场地的准备包括场地的清理、土壤的翻耕和改良、排灌系统的建置等内容。

1. 清理场地

　　先做好"三通一平"（即通水、通电、通路、平整场地），再清除妨碍施工的石块、碎砖瓦砾等杂物和杂草堆。若要种植不耐荫的草坪，则场地上的原有植物也须根据需要保留或清移。

2. 翻耕、改良土壤

　　土壤翻耕深度不得低于 30 cm，然后把土块打碎（土粒直径小于 1 cm），反复翻打几次。同时清除树根、草根、防止其再生，捡净石砾、碎砖等使土壤含杂量低于 8%，才不妨碍草坪生长。

　　对其他质地不良的表土要进行改良，如表层土壤黏重，应混入 40%～60% 沙质的砂砾土或粗砾、煤渣，以增加其透水、透气性能。因为一般草坪对水、气要求较高。由于城市建筑多，往往遇上基建渣土，此时要引进客土换上山地下层黑土和菜园地的混合土。这种混合土结构合理，保肥透水，pH 值适中，杂草种少，腐殖质多，肥效强，很适合草坪生长。如有条件，其他普通地表土也要加上一层 10～20 cm 厚的此种混合土。

　　整好地后，应施足有机肥（马粪除外）或过磷酸钙做基肥，肥料应腐熟、菌少，粉碎后均匀撒入土中，有机肥每亩施 2 000～3 000 kg，过磷酸钙每亩施 10～15 kg。

3. 喷除草剂和杀菌、杀虫剂

　　为防止植草后杂草滋生，除在整地时清除树根、草根外，还要喷除草剂，一般使用灭生性除草剂和芽前处理除草剂，并在整地前一个月施用。如有条件，在整地施肥完成后，让场地内杂草生长 1～3 个月，再施用灭生性除草剂，这样效果最好。

　　为防止以后病虫害的发生，要喷杀菌剂（如多菌灵）和杀虫剂（如甲胺磷）等，可在植草前一周施用。

4. 设置排水及灌溉系统

　　草坪与其他场地一样，需要考虑排除地面水。一般设计 2%～5% 的坡度，可以向一边倾斜或以中间高、两边低的形式布置，周边设计排水沟等排水设施。地形过于平坦的草坪，或地下水水位过高，或聚水过多的草坪、运动场的草坪等应设置暗管或明沟排水。最完善的排水设施是用暗管组成一系统与自由水面或排水管网相连接。

　　草坪灌溉系统是草坪建植的重要项目。目前国内外草坪大多采用喷灌，因此，在场地最后整平前，应将喷灌管网埋设完毕。

5. 平整、浇水

植草前进行最后的平整。平整是平滑地表，提供理想苗床的作业。平整应按地形设计要求进行，或呈平面式，或呈起伏山丘式，但都要求能排水，无低洼积水之处。平整后灌水，让土壤沉降，如此可发现是否有积水处需填平。

8.3.3 草坪种植方法

草坪的种植方法常采用铺设法和播种法。通常，播种法成本较低，劳动力耗费最少，但建成草坪时间较长；铺设法成本较高。

1. 铺设法

铺设法又可分为以下几种方法：

(1)密铺法。密铺法就是将甲地生长的优良草块，切成 0.3 m×0.3 m 的方形草坪泥块，或切成长条状的草块，运往乙地按照原甲处占地的大小重新铺成草坪，但块与块中间须保持 0.02 m 的空隙，然后用碌碡或木夯压紧、压平。压紧后应使草面与四周土面齐平、草皮与土壤紧接。这样可免受干旱，草皮易成活、生长。在铺草皮前或后应充分浇水，如坪面有较低处，可覆以松土使之平整，日后草可穿过土层。

(2)间铺法。为节约草皮材料可用间铺法。该法有两种形式，且均用长方形草皮块。一种是铺块式，各块间距为 0.2～0.3 m，铺设面积为总面积的 1/3；另一种是梅花式，各块相间排列，所呈图案颇为美观，铺设面积占总面积的 1/2，用此法铺设草坪时，应按草皮厚度将铺草皮之处挖低一些，以便草皮与四周土面相平，草皮铺设后，应予残压。春季铺设应在雨季后，匍匐枝向四周蔓延可互相密接。

(3)点铺法。将草块分成 0.05 m×0.05 m 的小块，铺种地上，草块间隙为 0.03～0.05 m，然后用脚踩，边踩边淋水，直到踩出泥浆，使草根粘满泥浆为止。

(4)植生带铺栽法。此法是在工厂里采用自动化设备连续成批生产草坪植生带，产品可成卷入库储存，所以，人们常称它为"草坪工厂化生产"。

草坪植生带不仅运输方便，而且施工简便，即将其摊开平铺在整平的土地上，上面覆盖 0.01 m 厚度的薄土层，经过碾压，使植生带与泥土紧密结合，再喷水多次，草坪种子遇湿，即能迅速生根出苗。

2. 播种法

(1)选种。播种用的草种，必须选取能适合本地区气候条件的优良草种。选种时，一要重视纯度，二要测定它的发芽率，必须在播种前做好这两项工作。纯度要求在90%以上，发芽率要求在 50%以上，从市场购入的外来草籽必须严格检查。混合草籽中的粗草与细草、冷季型草与暖季型草，均应分别进行测定，以免造成不必要的损失。

(2)种子处理。为了提高发芽率，达到苗全、苗壮的目的，在播种前可对种子加以处理。种子处理的方法主要有以下三种：一是用流水冲洗，如细叶苔草的种子可用流水冲洗数十个小时；二是用化学药物处理，如结缕草种子用 0.5% 的 NaOH 浸泡 48 h，用清水冲洗后再播种；三是机械揉搓，如野牛草种子使用机械的方法揉搓掉硬壳。

(3)播种量和播种时间。草坪种子播种量越大，见效越快，播后管理越省工。单播时，一般用量为 $0.01 \sim 0.02 \ \mathrm{kg/m^2}$，具体应根据草种、种子发芽率而定。播种时间：暖季型草种为春播，可在春末夏初播种；冷季型草种为秋播，北方最适合的播种时间为 9 月上旬，见表 8-3-1。

表 8-3-1　草坪的播种量和播种期

草种	播种量/$(\mathrm{kg \cdot m^{-2}})$	播种期
狗牙根	$0.01 \sim 0.015$	春
羊茅	$0.015 \sim 0.025$	秋
剪股颖	$0.005 \sim 0.001$	秋
早熟禾	$0.01 \sim 0.015$	秋
黑麦草	$0.02 \sim 0.03$	春、秋

（4）草坪的混播。几种草坪混合播种，可以适应较差的环境条件，更快地形成草坪，并可使草坪的寿命延长。其缺点是不易获得颜色纯一的草坪。不同草种的配合依土壤及环境条件不同而异。在混播时，混合草种包含主要草种和保护草种，保护草种一般是发芽迅速的草种，作用是为生长缓慢和柔弱的主要草种遮阴及抑制杂草，并且在早期可以显示播种地的边沿，以便于修剪。如草地早熟禾（占 80%）与剪股颖（占 20%）混播，前者为主要草种，单播时生长慢，易为杂草所侵占；后者为保护草种，生长快，在混播草坪中可逐渐被前者挤出，但在早期可防止杂草产生。

（5）播种方法。

1）撒播法。由于草籽细小，为了使撒播均匀，最好的办法是在草种中掺入 2~3 倍的细沙或细土。撒播时，先用细齿耙松表土，再将种子均匀地撒在耙松的表土上，并再次用细齿反复耙拉表土，然后用碾子滚压，或用脚并排踩压，使土层中的种子密切和土壤结合。同时，播种操作者应做回纹式或纵横式向后退撒播。

2）条播法。在整好的场地上开沟，沟深为 $0.05 \sim 0.1 \ \mathrm{m}$，沟距为 $0.15 \ \mathrm{m}$，用等量的细土或细沙与种子搅拌均匀后撒入沟内，播种后用碾子碾压和浇水等。

3）草坪喷浆法。草坪喷浆这是一种用机械播种的新方法，目前，在我国已广泛采用。它是利用装有空气压缩机的喷浆机组，通过较强的压力，将有草籽、肥料、保湿剂、除草剂、颜料，以及适量的松软有机物、水等配制成的绿色泥漆液直接均匀地喷送至已经整平的场地或陡坡上。由于喷下的草籽泥浆具有良好的附着力及明显的颜色，施工操作时能做到不遗漏、不重复，而且均匀地将草籽喷播到目的地，并在良好的保湿条件下迅速萌芽、快速生长、发育形成草坪。这种方法由于机械化程度高，容易完成陡坡处的播种工作，且种子不会流失，因此，是公路、铁路、水库的护坡等播种草坪的好方法。

8.3.4　草坪的养护管理

1. 浇灌

草坪草组织由 80%～95% 的水分组成。如果水分含量下降，就会引起草坪草萎、蔫，当含水量下降到 60% 时，草坪草就会死亡，而且草坪植物根系较低，不能吸收深层土壤的水分，需要经常补充水分。因此，建造草坪时必须考虑水源，草坪建成后必须合理灌溉。

(1)灌水方法。草坪灌溉有地面漫灌和喷灌两种方法。地面漫灌简单易行，但耗水量大，水量不够均匀，坡度大的草坪不能使用。喷灌是用喷灌设备让水像雨点一样淋到草坪上，其优点是能在地形起伏变化大的地方或斜坡使用，灌水量容易控制，用水经济，属于自动化作业；其缺点是成本高，但此法仍为目前国内外采用最多的草坪灌水方法。

(2)灌水时间。对已建成并正在生长的草坪，应于春季返青前和秋季枯黄时(北方在封冻前)各灌足一次水，这两次水对草坪的全年生长和安全越冬都起很大作用。此外，在草坪的生长季节，应视天气和土壤情况进行定期灌水，一般每月浇水 2～3 次。

就一天而言，选择某一特定时间浇水是可取的，大部分草坪管理者喜欢在晚上或早晨浇水，因为此时水分蒸发损失最小。如果有微风就更好了，因为此时湿度高而温度低，较有效地减少蒸发损失，风还利于湿润叶面及组织的干燥。

总之，草种不同，对水分的要求不同，不同地区的降水量也有差异，因此，必须根据气候条件与草坪的种类来确定灌水时间。

(3)灌水量。每次灌水的水量应根据土质、生长期、草种等因素而确定。以湿透根系层，不发生地面径流为原则。

2. 施肥

为了保持草坪叶色嫩绿、生长繁密，必须进行施肥。由于草坪植物主要是进行叶片生长，并无开花结果的要求，所以，草坪草需要最多的养分是氮，其次是钾，再次是磷。因此，氮肥更为重要，施氮肥后的反应也最明显。一般选择硫胺或尿素进行追肥。

草坪的肥料施量，应按自然土壤肥力、生长季的长短和踏压程度而定。在贫瘠土壤上生长的草坪，需要的肥料较多；生长季越长，需要的肥料也越多；在重度使用的草坪上应施更多的肥料来促进它们的旺盛生长。就一般水平来说，草坪每年施肥两次，氮∶磷∶钾＝10∶6∶4，一次施量为 20～90 g/m^2。

3. 修剪

修剪是为维持优质草坪的重要作业，其主要作用是定期去掉草坪草枝条土表的部分。修剪的目的是在特定的范围内保持顶端生长，控制不理想的、不耐修剪的草生长，维持一个供人们观赏和游憩的草坪空间。

一般的草坪一年最少修剪 4～5 次，国外高尔夫球场精细管理的草坪一年中要经过上百次的修剪。修剪的次数与修剪的高度是两个相互关联的因素，修剪时的高度要求越低，修剪次数就越多。修剪一般根据草的剪留高度进行，即当草长到规定剪留高度(一般剪留高度为 0.05 m)的 1.5 倍时就可以修剪，最高不得超过剪留高度的 2 倍。修剪时间最好在清晨草叶挺直时进行，便于剪齐。

💡 知识窗

草坪修剪后注意事项

修剪是草坪养护的重点，能控制草坪的高度，增加叶片密度，抑制杂草的生长。

（1）草坪修剪完毕，要将剪草机置于平整地面，拔掉火花塞进行清理。

（2）放倒剪草机时要从空气滤清器的另一侧抬起，确保放倒后空气滤清器置于发动机的最高处，防止机油倒灌淹灭火花塞火花，造成无法启动。

（3）清除发动机散热片和启动盘上的杂草、废渣和灰尘，但不要用高压水雾冲洗发动机，可用真空气泵吹洗。

（4）清理刀片和机罩上的污物，清理甩绳式剪草机的发动机和工作头。

（5）每次清理要及时彻底，为以后清理打下良好的基础。清理完毕后，检查剪草机的启动状况，一切正常后入库存放于干净、干燥、通风、温度适宜的地方。

4. 除杂草

杂草是草坪的大敌，杂草的入侵会严重影响草坪的质量，使草坪失去均匀、整齐的外观。同时，杂草与目的草争水、争肥、争阳光，从而使目的草的生长逐渐衰弱，因而除杂草是草坪养护管理中必不可少的一环。

防除杂草的最根本方法是进行合理的水肥管理，促进目的草的生长，增强与杂草的竞争能力，并通过多次修剪，抑制杂草的发生。一旦发生杂草侵害，主要靠人工挑除。可用小刀连根挖出，大面积除杂草可采用化学除草剂，如丁马津、扑草净、除草醚、绿草隆等。除草剂的使用比较复杂，效果好坏随很多因素而变，使用不当会造成很大的损失。因此，使用前应谨慎做试验和准备，使用的浓度、工具应由专人负责。

💡 知识窗

草坪的虫害防治

草坪虫害相对于草坪病害而言，对草坪的危害较轻较容易防治，但如果防治不及时，也会对草坪造成大面积的危害。按其危害部分的不同，草坪害虫可分为危害草坪草根部及根茎部的地下害虫和危害草坪草茎叶部的地上害虫两大类。叶部害虫通过修剪结合喷洒杀虫剂进行处理，防治相对简单。比较难的是地下害虫，如蟋蟀、线虫、蝼蛄的防治。地下害虫常用对危害区灌药方法解决。

虫害对草坪的危害关键在于虫口密度，小的虫口密度对草坪不会产生危害，因此常被人们忽视。园林绿地草坪治理虫害的原则是尽量不用农药治虫，尽可能减少农药对环境的污染及对游人的伤害。在必须使用农药治虫时，应选择游人稀少的时候，并需采取有效的安全措施。

5. 松土通气

为了防止草坪被践踏和碾压后造成土壤板结，应当经常进行松土通气。松土还可以促进水分渗透，改善根系通气状况，保持土壤中水分和空气的平衡，促进草坪生长。松土宜在春季土壤湿度适宜时进行。松土即在草坪上扎孔、打洞。人工松土可用带钉齿的木板、多齿的钢叉等来扎孔，大面积松土可采用草坪打孔机进行。一般要求 50 穴/m²，穴间距 0.15 m，穴径 0.015～0.035 m，穴深 0.08 m 左右。

任务实施

任务实施计划书

学习领域	园林工程施工		
学习情境 8	园林绿化工程	学时	
计划方式	小组讨论、成员之间团结合作，共同制订计划		
序号	实施步骤		使用资源
制订计划说明			
计划评价	班级		第　组	组长签字	
	教师签字			日期	

学习领域	园林工程施工						
学习情境 8	园林绿化工程					学时	
方案讨论							
方案对比	组号	任务耗时	任务耗材	实现功能	实施难度	安全可靠性	环保性	综合评价
	1							
	2							
	3							
	4							
	5							
	6							
方案评价	评语:							
班级		组长签字		教师签字			日期	

任务实施材料及工具清单

学习领域	园林工程施工						
学习情境 8	园林绿化工程				学时		
项目	序号	名称	作用	数量	型号	使用前	使用后
所用仪器仪表	1						
	2						
所用材料	1						
	2						
	3						
	4						
所用工具	1						
	2						
	3						
	4						
	5						
	6						
班级		第　组	组长签字			教师签字	

任务实施单

学习领域	园林工程施工		
学习情境 8	园林绿化工程	学时	
实施方式	学生独立完成、教师指导		
序号	实施步骤		使用资源
1			
2			
3			
4			
5			
6			
实施说明：			
班级		第　组	组长签字	
教师签字			日期	

任务实施作业单

学习领域	园林工程施工		
学习情境 8	园林绿化工程	学时	
作业方式	资料查询、现场操作		
序号	实施步骤		使用资源
1			
作业解答：			
2			
作业解答：			
3			
作业解答：			
4			
作业解答：			
5			
作业解答：			
作业评价	班级		第　组	
	学号		姓名	
	教师签字	教学评分		日期
	评语：			

学习领域	园林工程施工			
学习情境 8	园林绿化工程		学时	
序号	检查项目	检查标准	学生自检	教师检查
1				
2				
3				
4				
5				
6				
7				
8				
9				
10				
11				
12				
13				

检查评价	班级		第　　　组	组长签字	
	教师签字			日期	
	评语：				

学习评价单

学习领域	园林工程施工				
学习情境 8	园林绿化工程		学时		
评价类别	项目	子项目	个人评价	组内互评	教师评价
专业能力(60%)	资讯(10%)	收集信息(5%)			
		引导问题回答(5%)			
	计划(10%)	计划可执行度(5%)			
		设备材料工、量具安排(5%)			
	实施(15%)	工作步骤执行(5%)			
		功能实现(3%)			
		质量管理(3%)			
		安全保护(2%)			
		环境保护(2%)			
	检查(5%)	全面性、准确性(3%)			
		异常情况排除(2%)			
	过程(10%)	使用工、量具规范性(5%)			
		操作过程规范性(5%)			
	结果(10%)	结果质量(10%)			
社会能力(20%)	团结协作(10%)	小组成员合作良好(5%)			
		对小组的贡献(5%)			
	敬业精神(10%)	学习纪律性(5%)			
		爱岗敬业、吃苦耐劳精神(5%)			
方法能力(20%)	计划能力(10%)	考虑全面(5%)			
		细致有序(5%)			
	实施能力(10%)	方法正确(5%)			
		选择合理(5%)			
评价评语	班级		姓名		学号		总评	
	教师签字		第　组	组长签字		日期	
	评语:						

学习领域	园林工程施工			
学习情境 8	园林绿化工程		学时	
	序号	调查内容	是	否	理由陈述
	1				
	2				
	3				
	4				
	5				
	6				
	7				
	8				
	9				
	10				
	11				
	12				
	13				
	14				
你的意见对改进教学非常重要，请写出你的建议和意见：				
调查信息	被调查人签名		调查时间	

※ 学习小结

　　绿化是园林建设的主要部分，没有绿的环境，就不能称为园林。绿化工程施工是以植物作为基本的建设材料，按照绿化设计进行具体的植物栽植和造景。植物是绿化的主体，植物造景是造园的主要手段，由于园林植物种类繁多，习性差异很大，立地条件各异，为了保证其成活和生长，达到设计效果，栽植施工时必须遵守一定的操作规程，才能保证绿化工程施工质量。园林绿化工程主要介绍乔灌种植工程、大树移植工程、草坪建植工程。

※ 学习检测

一、简答题

(1)由于树木栽植方式各不相同，定点放线的方法有哪些？

(2)简述大树移植的原理。

(3)大树移植的方法有哪些?

(4)简述大树移植施工步骤。

(5)草坪建植工程场地准备包括哪些内容?

二、实训

某地形种植施工设计。

(1)实训目的。掌握种植施工图的绘制方法和规范;明确种植设计的内容。

(2)实训方法。学生以小组为单位,进行场地实测、施工图设计、备料和放线施工。每组交报告一份,内容包括施工组织设计和施工记录报告。

(3)实训步骤。

1)绘制种植工程施工平面图;

2)绘制花池或花钵施工图;

3)调查校园10种乔木、5种灌木的规格及价格。

参考文献

[1] 杨至德. 园林工程 [M]. 5 版. 武汉：华中科技大学出版社，2021.

[2] 陈科东. 园林工程施工技术 [M]. 2 版. 北京：中国林业出版社，2016.

[3] 李玉萍，杨易昆. 园林工程[M]. 4 版. 重庆：重庆大学出版社，2022.

[4] 邹原东. 园林工程施工组织设计与管理[M]. 北京：化学工业出版社，2014.

[5] 李广述. 园林法规[M]. 北京：中国林业出版社，2010.

[6] 蒲亚锋. 园林工程建设施工组织与管理[M]. 北京：化学工业出版社，2005.

[7] 陈绍宽，唐晓棠. 园林工程施工技术[M]. 北京：中国林业出版社，2021.

[8] 毛鹤琴. 土木工程施工[M]. 武汉：武汉工业大学出版社，2000.